U0855298

The Basic of

RAMEN

拉面

[日] EI 出版社编辑部 编著
姚沁姗 译

華中科技大學出版社
http://www.hustp.com
中国 · 武汉

有书至美
BOOK & BEAUTY

目录

饮食手帐 | 拉面

Since 1992

1993
1994
1995
1996
1997
1998
1999
2000
2001
2002
2003
2004
2005
2006
2007
2008
2009
2010
2011
2012
2013
2014
2015
2016

2017

“现在已经没有难吃的拉面了。
这是拉面的烹饪工艺成熟的证明。”

拉面编年史

拉面由中国传入日本，
又在日本几经演变，
现已成为日本的国民食物，
深受男女老少的喜爱。
评论家石神秀幸
带我们翻开尘封的历史，
回顾拉面的变迁。

写真：野町修平
写真提供：Getty Images

拉面编

潮流的相继出现，拉面行业的兴盛

拉面评论家石神秀幸被誉为“拥有神之舌的男人”。据说迄今为止，他在日本国内品尝的拉面数量已超过2万份。作为拉面评论家的他得到了大家的充分认可，他也数次利用媒体将拉面推向美食潮流的巅峰。石神秀幸也因此被视为拉面行业王者般的存在。

“涉谷的喜乐、六本木的香月以及天下一品，这3家的拉面让我真正爱上了这种美食。最吸引我的是3家店将同一种美食烹调出完全不同的味道。那时我才上中学，大概是20世纪80年代中后期，刚好那时也流行吃拉面，东京的拉面店也陆续推出了各种新品。”敏感的味蕾和强大的记忆力是石神秀幸最大的武器，据说探店以外的时间，

史2017

他从不写任何备忘录。1995年，他以拉面评论家的身份参加电视节目并一举成名。从此他被誉为拉面评论家第一人，在拉面行业掀起了无数流行浪潮。

随着1996年数家拉面名店的出现，拉面行业迎来了巨变。

“中野的青叶主打蘸汁面，横滨的鲸轩的香料油别具风味，面屋武藏用秋刀鱼干熬制汤底。每家店都形成了自己的特色，现代拉面的样式基础就此确立。当然这并不是说在此之前拉面就没有基础样式，但正是因为1996年这些拉面店开始强调特色并加入自己的创意，拉面的可能性才得到了无限的扩展。这对于拉面行业来说是一项大功绩。”

这之后又陆续出现了以和歌山拉面为首的各地特色拉面、横滨的吉村家等各种连锁店的拉面、拉面二郎以及由它衍生的一系列拉面，我们能品尝的拉面种类越来越多。

“现在已经没有难吃的拉面了，这是拉面的烹饪工艺成熟的证明。”

拉面编年史2017

MENSHO的汤底由羊羔的大棒骨和猪骨混合熬制而成，风味独特。拉面中还加入了香菜、香辛料等前卫食材，这大概是今后拉面的一个新潮流。

拉面新品的无限可能

虽然主流拉面还是以猪骨或鸡为原料，但是现在越来越多的

新品开始突破这一传统。肉类、鱼、蔬菜，各种食材都能熬成高汤。除了鸡白汤拉面，现在越来越多的拉面汤底是以杂鱼干、贝类等鱼介类食材为原料熬制成的，“因为日本的拉面创新时间并不长，所以各种元素混杂，将来还会慢慢分化的。就拿鱼介类高汤来说，因为鱼的品种繁多，所以原材料方面可研究的空间还很大。”

拉面作为日本国民食物，深受人们喜爱，今后将会有更多的新品出现。或许，围绕拉面的创新永远都不会停止。

石神秀幸

拉面评论家，出版书籍超过30册，他是JSA（日本侍酒师协会）认证的侍酒师以及CPA（日本奶酪专业协会）认证的奶酪专家，现从事餐饮经营、制片人以及经营顾问等工作。

店铺信息

自家制面
MENSHO TOKYO

地址：东京都文京区春日1-15-9 1层
03-3830-0842
营业时间：
11:00—15:00
17:00—23:00
休息日：星期二
http://menya-shono.com

拉面近代史

回顾拉面的历史变迁

身为拉面评论家的石神秀幸能够及时地感应到拉面的萌芽期，即使身处各种拉面潮流中，他也能够沉着冷静地回顾拉面的变迁史。

开始

1994

熊本拉面的代表——“小紫”。其最为人所熟知的特点是门口挂的暖帘。

店铺信息

新横滨拉面博物馆

地址：神奈川县横滨市港北区新横滨2-14-21

☎ 045-471-0503

营业时间：11:00—22:00

星期六 11:00—22:30

www.raumen.co.jp

“拉面博物馆”

是当地拉面的先驱，
在横滨建造了主题公园。

拉面博物馆于1994年在新横滨正式落成，它是一家主题公园，由9家店铺组成，参观者可以在这里品尝到日本各地的拉面。无论是专业美食家还是路过的游客，这里都可以让你满意而归。

1995

六本木的香月掀起了当时的背脂系拉面的流行浪潮。当时几乎去每家拉面店都需要排队。

“拉面拥堵”

因为背脂系拉面的风靡，
拉面店门口排起了长队。

为了增加汤底的厚重感，厨师会在最后将事先炖烂的猪里脊脂肪打碎放入，这就是“背脂系拉面”。该拉面诞生于1995年，当时媒体连续多日刊登拉面特刊，东京甚至因此拥堵不堪，引发了社会问题。

“96年组”

3家名店的诞生
为拉面行业打下坚实基础。

业内将这3家名店称为“96年组”，他们为整个行业打下了坚实的基础。这3家店分别是：主打蘸水面的中野青叶、在汤底中加入香料油的横滨鲸轩以及打破传统用鱼介类为汤底原料而受到许多食客支持的面屋武藏。这3家店都拥有自己鲜明的特色，也推动了拉面制作的多元化发展，成为其他店铺争相模仿的对象。

1996

“96年组”的拉面店一如既往地吸引着拉面爱好者和普通食客。

1998

20世纪90年代后期在东京开业的“火柴”是第一家主推和歌山拉面的拉面店。

“和歌山拉面”

说到和歌山的特色拉面，那必然是它。

和歌山拉面不仅点燃了当地的拉面热潮，并将其推上了前所未有的热度。和歌山将自己产地的酱油和豚骨混合，形成了新的拉面文化。

2005

“拉面名店的方便面”

以方便面的形式让全国食客都能品尝到名店味道。

虽然在东京市区可以轻松地品尝到各地的拉面，但为了满足其他地区食客的需求，方便面厂家根据食客喜爱度推出了拉面名店方便面。现在它已深入普通人的家庭中，成为日常食品之一了。

2007

“干拌面”

历史悠久，颠覆了拉面的固有印象。

说起拉面，大家都会觉得汤底是重中之重，但现在“干拌面”却颠覆了这一固有印象。和干拌荞麦面、油荞麦面一样，干拌拉面历史悠久。它现在已经加入了“拉面二郎”的菜单中，势必将会受到更多食客的喜爱。

2012

它就像天边划过的流星，给习惯了清汤拉面的食客带来了别样的惊喜。目前鸡白汤的热潮还在进行中。

“鸡白汤”

清新又不失浓厚感的汤底，颇受女性食客喜爱。

在鸡白汤出现之前，浓厚的白汤一直是以猪骨熬制的。而鸡白汤是用鸡骨架熬制，它既不失猪骨汤的浓厚，又少了猪肉的腥味，因此喜爱它的人更多。

未完待续……

期待有更多的新汤底和新味道出现。

日本拉面在各种拉面潮流中不断改变、进化，或许我们很快就将迎来新的汤底食材、香辛料和香草。

拉面王的看法

今后值得期待的拉面！

经历了20世纪90年代的拉面热潮，作为行业先导的石神秀幸，对于拉面的现在以及今后的发展方向有着自己的看法。

图片：野町修平　图片来源：Getty Images

看法 1 值得关注的贝类高汤拉面

想必大家应该都听说过一些拉面的汤底是用贝类熬制的吧。这类汤底与鸡骨、猪骨的汤底相比更加清爽，汤底很好地保留了贝类的鲜味，与拉面堪称绝配。许多女性食客对其赞不绝口。“几年前贝类高汤拉面还很少见，现在数量多了起来。”

店铺信息

贝类高汤拉面 贝壳屋

地址：神奈川县相模原市中央区渊野边本町3-24-3色利公寓101号
☎ 042-707-8556
营业时间：11:30—15:00、18:00—21:00
休息日：星期一（节日则顺延至第二天）
※该店现已停售贝类高汤拉面

蚬子　花蛤　牡蛎　浅蜊

在世界范围内，贝类的食用历史都非常悠久，用作汤底的贝类大都兼具清新的海洋气息以及贝类的甘甜。

拉面的发展趋势 1 看法

看法 2 杂鱼干系拉面人气不减

杂鱼干在日本料理中是不可或缺的存在，在拉面行业，杂鱼干的存在感也越来越强。“越来越多的拉面店将目光投向了杂鱼干。除了熬制高汤，将杂鱼干研磨成粉末与调味料混合，还能增加拉面的风味。”

小小的杂鱼干发挥着大大的作用，它是日本料理的基础。

下一种新食材会是什么呢？
拉面革新永远不会停止

拉面作为日本饮食文化的一部分，已经深入人们的日常生活。但是它传到日本的时间并不长，所以拉面食材各异，新品层出不穷。石神秀幸认为现阶段拉面行业虽然看上去已

（看法）

3 香菜受到了群众的欢迎

“越来越多的拉面开始使用香菜等香草作为佐料。”虽然大家对香菜的接受度各不相同，但香菜深受女性食客的喜爱，开始在拉面行业崭露头角。

东京进口食品店的香菜方便面颇具人气，这反映出香菜开始进入日本饮食行业。

店铺信息

面屋 心

地址：东京都大田区南千束3-6-9
☎03-6421-9375
营业时间：11:30—15:00（最后点单时间14:30）、18:00—22:00（最后点单时间21:30）
星期天及节日 18:00—21:00（最后点单时间20:30）
休息日：星期一

（看法）

4 现在的“干拌”面

在各类干拌面中，目前最受欢迎的是中国台湾的干拌面。将大蒜、辣的肉末以及小葱等佐料和面一起拌匀。“干拌面的支持者众多，拥有非常高的人气。目前有关新品还在开发阶段，让我们拭目以待吧。”

干拌面进入了爱知县名古屋的“面花火”总店后人气暴涨，香辛料配上碱水面让人食欲大增。

现在拉面行业异彩纷呈，突破传统、不断创新，为拉面带来了无限可能。在反复研究汤底、面条、配菜之后做出的新品拉面，给食客的味蕾和精神带来双重享受。当然我们不能忘记为拉面行业打下基础的前辈们，围绕拉面进行的创新还将持续很长一段时间。

经处于饱和的状态了，但实际上它还在不断地进化中。

“日本拥有品种丰富的肉类食材和鱼类食材，所以今后一定会有许多新的拉面诞生。”

（看法）

5 国际上对日本拉面的赞誉

以往说起日本料理，大家总想起寿司，但现在越来越多的外国人知道并喜欢上了拉面。“许多日本拉面店在日本国外开设了分店，拉面受到了外国友人的关注。一碗拉面在当地售价超过1000日元（100日元≈0.065元人民币），我很高兴它能得到国外食客的正面评价。”

店铺信息

MENSHO TOKYO SF

地址：672 Geary St San Francisco,CA,USA

生姜粉

拥有悠久食用历史的生姜，在日本料理中也是极为重要的食材。

香菜籽

它的香味与香菜叶不同，是一种柑橘类的清爽气息。

丁香

它有着类似香草的甘甜和芳香，同时又带着些许刺激性。

肉桂

味甜，拥有特殊的芳香，是世界上最古老的香辛料。

红辣椒粉

红干辣椒磨成的粉末，是世界上使用范围最广的香辛料。

姜黄粉

独特的香气、微苦的味道以及姜黄色是它的特点。

小豆蔻

它以清爽的香气称霸整个香辛料界，被冠以“香辛料女王”之名。

肉豆蔻

肉豆蔻的外皮是肉豆蔻衣，里面黑色的种子才是我们常说的肉豆蔻，香气甘甜而刺激。

月桂叶

它曾出现在希腊神话中，香气清凉浓郁。

（预感）

1 还未到来的香辛料热潮

“现在已经有一些拉面店开始使用特色香辛料，由此可见拉面搭配香辛料的可能性是很大的。香菜等香草在拉面中的使用也会越来越频繁吧。”

用作配菜，还是用作佐料？各种香辛料的组合也让人期待

在全世界广泛使用的香辛料，或许在不久的将来就能在拉面中看到它们的身影。

拉面流行趋势 2

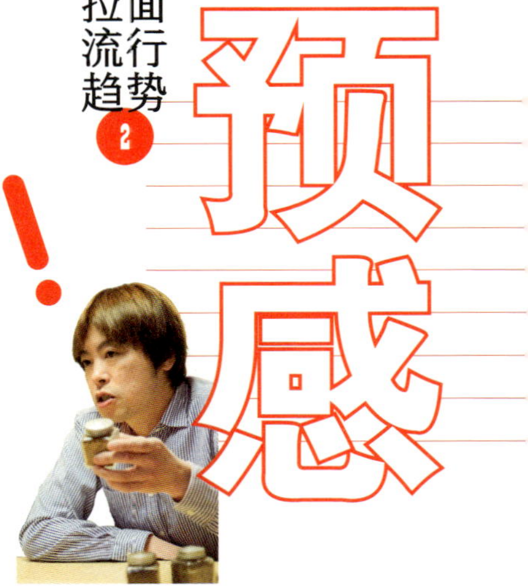

（预感）

2 “鲜鱼”是拉面的突破口！

汤底是拉面的重中之重，而高汤又是汤底的基础。目前制作高汤时选用的鱼品类较少，今后可以再拓宽鱼类食材的选择和搭配。“虽然鱼介类拉面数量在不断增加，但就日本的海产品数量而言，高汤原材料的种类和数量还是偏少。希望以后可以把全部鱼类纳入高汤原材料的选择范围，做出一份独一无二的拉面汤底。”

香鱼

著名淡水食用鱼，对水质要求很高，有相应的禁渔期。

真鲷

真鲷在日本被认为是吉祥喜庆的象征，以真鲷为高汤的日本料理很多，比如鲷鱼饭、鲷鱼茶泡饭等。

有100日元一碟的寿司，也有花费数万元都预约不到的寿司，日本料理的平民化和高端化之间相差极大，寿司就是其中最突出的代表。而现在拉面也正经历着两极分化。“我认为拉面的价格也将两极化，便宜的拉面100日元左右，而贵的可能花上1000日元还不够。从准备食材开始计算，一碗拉面所耗费的时间可能赶上怀石料理了。”

船桥沙司拉面

该拉面的最大特点就是以沙司代替酱油。沙司炒面已经证明了沙司与面的搭配非常和谐。沙司风味的炒蔬菜和炸火腿排的搭配，让整碗拉面有了一丝怀旧气息。其中最有代表性的老字号当属“中华料理大辈”，从开店起就广受当地人们喜爱。

（预感）3 “各地特色拉面”之后的“地区拉面”

各地的特色拉面已经掀起了几场拉面潮流。但每种特色拉面又可再细分，例如首都圈包含了东京、八王子、千叶、船桥等地区，每个地区的拉面也各有特点。“东京附近也有许多具有当地特色的拉面店。”

新品拉面往往会成为人们议论的对象，甚至还能引起外国人的关注与讨论，这充分说明拉面已经成为人们生活中密不可分的一部分，所以大家才会在各种流行中找到并关注拉面。或许在不久的将来，作为日本国民食物的拉面也将传播到世界各国，成为当地人们喜爱的食物。

八王子拉面

和许多地方拉面一样，大部分八王子拉面的汤底也是酱油猪骨汤。但是八王子的汤底更加清爽，这一特征也体现在了当地的鱼介类汤底上。可以说清爽的汤底是八王子拉面的特点之一。拉面汤还隐约泛着星星点点的油花，清爽不油腻，所以顾客可以将拉面汤都喝完。

（预感）4 拉面行业也开始了两极分化

各家高级寿司店的原材料价格和前期准备的成本各有不同，寿司的价格也不尽相同。

价格实惠，100日元一碟的回转寿司已成为国民食物之一。

第一章

拉面魅力大剖析！

分门别类

拉面图鉴

拉面种类

中式荞麦面
杂鱼干拉面
汤面
猪骨鱼介系拉面
鸡白汤拉面
鸡荞麦面
贝类高汤系拉面
法式蔬菜浓汤拉面

法式拉面
鲜虾荞麦面
德岛拉面
和歌山拉面
燕背脂系拉面
富山黑拉面
喜多方拉面
熊本拉面

东池袋大胜轩系拉面
希望轩系拉面
青叶系拉面
桌袱屋系拉面
中村屋系拉面
面屋武藏系拉面
世田屋系拉面

请记住
这些拉面

拉面可按照汤底味道、面的种类等进行分类，此外还有全日本有名的各地特色拉面以及著名拉面店的系列拉面等，种类繁多。让我们先把视线投向这23种拉面。这其中有你知道的拉面吗？

1 拉面种类

中式荞麦面

信息

中式荞麦面

店名	**担担亭 总店**
菜单名	**中式荞麦面**
价格	**770日元**

面	细卷面
汤底	高汤：猪大腿骨、鸡骨、牛尾、调味蔬菜、本枯节（鲣节的一种）、昆布、杂鱼干、香菇干、干虾 调味：以酱油为主
配菜	叉烧、葱、笋干、海苔

它可以说是日本各地拉面的基础

“中式荞麦面”的名字据说是在二战后为了区别日本荞麦面而流传开的，它专指从中国传来的荞麦面。中式荞麦面的汤底通常是鱼介类高汤加上酱油，使用的面条是中等粗细的卷面，配上笋干、叉烧、海苔、葱等简单食材，在日本各地都能吃到。当然，各地的中式荞麦面也各有特点。

“担担亭”1977年开始营业，该店的中式荞麦面可谓是东京中式荞麦面的代表。汤底是担担亭最引以为傲的资本，熬煮一晚上的高汤，加上本枯节或者鲭节等鱼介类食材以及昆布、香菇干等，最重要的是“熬出所有食材的精华。”拉面的味道简单纯朴，让人怀念。

关键词

该店中式荞麦面的特色

1 花费一周时间精心准备的笋干

笋干需反复浸泡和高温蒸煮，此外还有去除涩味等工序，总之笋干的处理费时费力，但是它的口感却是独一无二的。

2 为配合汤底而特别定制的面条

特别定制的面条，食材比例是1千克小麦粉加3个鸡蛋，这在普遍使用蛋白粉制作面条的大环境中独树一帜。

3 汤底的制作要花上整整一天的时间。首先从动物类食材开始

第一天先将猪大腿骨、鸡架、牛尾、调味蔬菜炖煮，熬出浓厚的精华。第二天再加上鱼介类食材。

店铺信息

担担亭总店

地址：东京都杉并区浜田山3-31-4
☎ 03-3329-4061
营业时间：11:00—20:30
（售罄即止）
休息日：无
（12月31日—1月3日休息）

另有菜品推荐！

店里人气最高的豪华的“云吞面”（1170日元），里面有鲜虾云吞和鲜肉云吞各3个。

请一定要尝尝
云吞面！

店主
横山贵志

2

拉面种类

杂鱼干拉面（杂鱼干类）

信息

杂鱼干拉面

店名	**中华荞麦面 伊吹**
菜单名	**中华荞麦面**
价格	**750日元**

面	中等细的直面
汤底	高汤：杂鱼干、猪大骨、猪脊骨、鸡架、鸡爪、猪里脊脂肪 调味：酱油、盐
配菜	叉烧、洋葱、海苔

对收支平衡视而不见的逆反心理，使得杂鱼干拉面的水准不断提高

杂鱼干拉面的第一次流行始于老字号“永福町大胜轩”，并在2005年左右达到高潮。而“伊吹”是在这次流行消退之后的2011年才正式开业，之后伴随着杂鱼干拉面的第二次流行吸引了大量的食客。但是店铺的经营并不是一帆风顺的，刚开业的时候也曾收到过很多差评，原因是顾客接受不了浓厚的鱼香味。但就算这样店主也没有放弃，他反而增加了杂鱼干的使用量，不断地调整拉面的口味直到自己满意为止。20箱的杂鱼干一周之内就用完了。店长不管成本和预算，一直致力于提高杂鱼干的质量以求做出完美的拉面，这才有了现在味道浓厚的杂鱼干拉面。

关键词

该店杂鱼干拉面的特色

1 数种不同的杂鱼干构成了整碗拉面的核心

反复斟酌杂鱼干的大小、硬度、咸度等，挑选数种混合使用。为了保证高汤的最佳风味，店家还会经常更换杂鱼干的产地和种类。

2 选择能够吸收适量汤汁的中等细的直面

杂鱼干汤底如果使用卷面，可能会因为面条吸收过多的汤汁而太咸。中等粗细的直面就能恰到好处地控制咸度。

3 辛辣爽口的洋葱为拉面的味道增添了不少惊喜

中等大小的洋葱粒辛辣爽口，和浓厚的杂鱼干高汤成为绝配。清爽的口感也为拉面增色不少。

店铺信息

中华荞麦面 伊吹

地址：东京都板桥区前野町4-58-10见次公园公寓1层

☎ 080-4928-0013

营业时间：11:45—14:30、18:30—20:30（汤底售罄即止）

休息日：星期一、每月第1、3周的星期二（有时会有临时休息日）

http://ameblo.jp/surtrece

另有推荐菜品！

“高汤中华拉面”（800日元）的汤底使用了杂鱼干、本枯节、昆布、帆立贝柱、干香菇等，味道清爽淳厚。

员工
月代头

售罄、临时歇业的相关详情可以参考博客！

拉面种类 3

汤面

信息

汤面

店名	**东京汤面 邻**
菜单名	**汤面**
价格	**730日元**

面	中等粗的宽面
汤底	高汤：猪骨、鸡架、鸡爪、蔬菜 调味：咸味酱汁
配菜	蔬菜（9种）、鱼糕、章鱼须、猪肉

健康又满足！蔬菜和浓厚汤底的联袂演出

“汤面”以前是中华料理店的菜品之一。用中式炒锅炒好蔬菜后浇上汤汁，最后再盛在煮好的面上，三者完美融合。“邻”把这种面发展成自己的招牌面。

每份拉面中使用350克蔬菜，正好是厚生劳动省所建议的成人一天应摄取的蔬菜量。以猪骨等食材熬成的浓厚白汤，配上宽面以及蔬菜，三者合一才算是做好了一碗拉面。9种蔬菜加上3种配菜和大量生姜，这是一碗让人能量满满的拉面。

关键词

该店汤面的特色

1 颠覆“汤面=清淡”的传统印象，汤底浓厚

以猪骨为主，加上鸡架、鸡爪、蔬菜以及调味汁，熬制成鲜美浓厚又有冲击力的汤底。

2 蔬菜使用自家调味汁调味

豆芽、小松菜、白菜等炒好后加上事先煮好的蔬菜，放入蚝油、胡椒之后再一同翻炒。

3 使用可以吸汁的粗宽面

店里使用的是可以吸收浓厚汤汁的宽面。蔬菜、面条以及汤底三者味道融合，汤面才算完成了。

店铺信息

东京汤面 邻

地址：东京都江东区东阳3-24-18
☎03-5632-8777
营业时间：11:00—22:00
休息日：无

推荐搭配！

汤面配上炸鸡块和煎饺两种小食的“汤面炸鸡煎饺套餐”（890日元）。煎饺和炸鸡块也可单点，很受顾客喜爱。

美味又营养！

店长松井宽（左）和其他员工

拉面种类 4

猪骨鱼介系拉面

信息

猪骨鱼介系拉面

店名	**广皆望**
菜单名	**拉面**
价格	**650日元**

面	中等粗的特制鸡蛋直面
汤底	高汤：猪大骨、鸡骨、昆布、杂鱼干、大量蔬菜、鲣节 调味：伊豆大岛自然海盐——“海之精”盐、酱油
配菜	叉烧、笋干、海苔、葱花

猪骨和鱼介的鲜味藏在清澈的汤底里

“猪鱼”指的是人们可以同时品尝到猪骨和鱼介双重美味，满足了人们“贪婪”的食欲。该拉面的特点全都在汤底中。当然高汤的熬制不仅仅选用了猪骨和鱼介两种食材，每家店都会有自己的一些特色。

“广皆望”的店主喜欢清淡的日式高汤，店里的猪骨鱼介系拉面就是在他不断尝试之后诞生的。汤底几乎看不到一点油花，所以有许多坚持健康饮食的顾客经常光临。汤底是以咸为主，其中又包含了多层次多种原材料的鲜味。店主特地选择使用鸡蛋面，保证汤底味道不会受到面的影响。

关键词

该店猪骨鱼介系拉面的特色

1 鱼介的“鱼”就是杂鱼干

鱼介汤底必不可少的原材料就是杂鱼干。一般使用2~4种杂鱼干，会根据季节时间等进行调整。制作猪骨鱼介汤底的诀窍就是选择不逊于猪骨味道的鱼干。

2 猪骨汤与鱼介汤的邂逅

猪大骨和鸡骨一同炖煮一天，过滤掉骨头之后静置一晚，第二天再把它与鱼介高汤混合。

3 毫不吝啬地使用最高级的调味料

调味汁是用100%的天然海盐和酱油混合而成的。虽然预算很紧张，但是店主不希望敷衍了事。

店铺信息

广皆望

地址：东京都江东区深川2-13-10
Nickheim深川1层
☎03-5620-4777
营业时间：星期一—星期五
11:00—15:00、
17:30—售罄为止
星期六·节日11:00—15:00
休息日：星期三、星期日
※有时节日也休息。

推荐搭配！

“叉烧饭”单点300日元，拉面加叉烧饭套餐共900日元，是酱香叉烧加海苔配上白米饭。

这是“每天都能吃的健康拉面”！

店主
田口宏之

拉面种类 5

鸡白汤拉面

信息

鸡白汤拉面

店名	**卧龙**
菜单名	**鸡肉叉烧面**
价格	**850日元**

面	细直面
汤底	高汤：军鸡、蔬菜 调味：白酱油
配菜	鸡腿肉、鸡胸肉、葱、笋干

以军鸡骨为主要食材熬成的汤底，细腻又大胆的味道

喝上一口汤，你一定会被鸡肉的鲜美惊艳。军鸡（江户时代从泰国传入日本的一种鸡）熬成的白汤香气扑鼻，味道层次丰富。

军鸡的鸡骨比普通鸡骨的价格要贵不少，问及选择军鸡的原因，店主高岛章吾解释说：“两者风味完全不同。”

高岛章吾曾在世田谷区一家名叫“季织堂”的拉面店工作。另立门户之后，他将只在一定期间内销售的鸡汤拉面改良，并把它定为招牌料理售卖。该拉面味道醇厚，不使用任何化学调味料。面条是特别定制的，可以增加汤底的味道层次，激发其鲜味。鸡肉叉烧面可以让顾客同时品尝到鸡腿肉和鸡胸肉，在食客中间颇有人气。

关键词

该店鸡白汤拉面的特色

1 你是喜欢鸡腿肉还是鸡胸肉？

店里准备了两种国产鸡肉叉烧，油脂含量和味道都不相同。为了突出鸡胸肉的鲜美多汁，厨师会将其烤至半熟。

2 面条中添加藕粉使得面与汤底的搭配更加和谐

特别定制的细直面中加入了藕粉，顺滑的口感可以减少碱水的味道，保留汤底的香气。

3 大量军鸡骨熬成风味十足的汤底

为了保留汤底的风味，军鸡骨和蔬菜必须在3.5小时内熬好。不添加任何化学调味料，汤底口感细腻。

店铺信息

卧龙

地址：东京都世田谷区三轩茶屋1-35-3山田体育设施大楼1层
☎ 080-4918-0023
营业时间：12:00—14:30、18:00—24:00
星期天、节日 12:00—14:30、18:00—22:00
休息日：星期二

另有菜品推荐！

该店可以饮酒。店主时常会上架一些自己推荐的酒。烧酒650日元、日本酒1合（约180毫升）700日元。

拉面种类 6

鸡荞麦面

信息

鸡荞麦面

店名	**鸡荞麦 Salt**
菜单名	**鸡荞麦面**
价格	**650日元**

面 细直面

汤底 高汤：大山鸡（日本鸟取县大山股份有限公司的产品）、鸡爪、鸡翅、调味蔬菜熬成的意式浓汤
调味：扇贝、产自西西里岛的岩盐

配菜 鸡肉叉烧、大山鸡肉块、水菜（日本芜菁）、笋干、海苔

让人想一饮而尽的鲜美清汤

鸡荞麦面的一大特点就是清汤，色泽清亮的汤底是用文火慢慢熬制而成的，最大限度地保留了鸡肉的鲜美。

“Salt”的人气拉面就使用了这种清汤。出生于意大利的店长用大山鸡和鸡爪加上大量的调味蔬菜熬出清汤，这其实是意式蔬菜汤的基本做法。店长突发奇想希望能做一份意式汤面，所以他特别定制了用杜兰小麦粉和北海道产的小麦粉混合制成的面条。正如店长所希望的一样，该拉面在年轻女性中颇受欢迎。

关键词

该店鸡荞麦面独一无二的亮点

1 清汤需文火慢炖

清汤的炖煮大约需要8小时，途中还要撇去汤中的浮沫。炖煮诀窍是全程不使用大火，不让汤汁剧烈沸腾。

2 意面面粉和北海道产的小麦粉混合使用

减少面条的水分，加入制作意面的原材料——杜兰小麦粉，这样处理过的面条口感独特，富有嚼劲。

3 鲜嫩多汁的鸡肉叉烧也很受欢迎

用甜味卤汁腌制入味后放入烤箱烤制，和烤鸡的做法相同，与口味柔和的清汤十分搭配。

店铺信息

鸡荞麦 Salt

地址：东京都世田谷区代泽5-36-13 1层
☎ 03-5432-9270
营业时间：11:30—第二天1:30
休息日：无
http://www.facebook.com/torisobasalt

另有菜品推荐！

配有去皮西红柿和炸蔬菜的“Salt蘸水荞麦面”(1030日元)人气也很高，饭后还可以来一碗玉米酒茶（酒中掺入烘焙的玉米粒制成的茶）。

店长
片冈亨

每天都吃不腻的味道！

7

拉面种类

贝类高汤系拉面

信息

贝类高汤系拉面

店名	**荞麦House 金色不如归**
菜单名	**盐荞麦面**
价格	**850日元**

面	中等细直面
汤底	高汤：文蛤、猪脚、猪肉、鱼介 调味：盐
配菜	猪肉叉烧、白松露、葱白、笋干、黑松露酱、红胡椒、香草

贝类和松露的邂逅，味蕾的盛宴

坐落于涉谷区幡谷的“荞麦House金色不如归”非常有名，它让曾经十分罕见的贝类高汤系拉面名扬天下。

大量的三重县特产——蛤蜊熬成的高汤，再加上猪肉、猪骨高汤和鱼介等干货熬成的日式高汤，三者合一组成了鲜美无比的汤底。牛肝菌和白松露以及自制的黑松露酱的使用更好地突出了蛤蜊的鲜味。然而实际上蛤蜊的鲜味很淡，很容易被酱油等调味汁掩盖。“我花了10年的时间研究食材的味道与成分，选取了无数食材组合搭配。现在我每周还会在店里待上两三天研究各种味道”，店主山本敦之介绍道。

关键词

该店贝类高汤系拉面的特点

1 特别订购的中等细的直面

所有食材都是以汤底为中心。为了能更好地搭配蛤蜊汤底，山本敦之经过无数次失败尝试之后，终于确定了拉面的配方。

2 三重县著名特产蛤蜊

有时店里一天会使用20千克蛤蜊。蛤蜊的重量和大小会影响汤底的熬制，所以店里的蛤蜊都是店主亲自去市场购买的。

3 特色自制黑松露酱

用黑松露粒和蘑菇粒做成的黑松露酱，可以更好地突出蛤蜊的鲜美与风味。

店铺信息

荞麦 House 金色不如归

地址：东京都涉谷区幡谷2-47-12

☎ 03-3373-4508

营业时间：11:30—15:00、18:30—22:00

星期四（只卖杂鱼干荞麦面）

星期五（只卖牛肉高汤味噌和鸡高汤酱油）

休息日：无

另有菜品推荐！

据说这是春季最受欢迎的菜品。大量蛤蜊加上酱油高汤，淡淡的蛤蜊鲜香遇上咸鲜酱油，绝配！

店主
山本敦之

我想继续保持工匠精神！

拉面种类 8

法式蔬菜浓汤拉面

信息

法式蔬菜浓汤拉面

店名	蘸面圆寺 吉祥寺总店
菜单名	法式浓汤蘸面
价格	800日元

面	特粗直面
汤底	高汤：蔬菜（芋头、薯类等）、猪骨 调味：酱油
配菜	蔬菜、叉烧、葱

将蔬菜的甘甜与鲜美发挥到了极致的拉面

法式蔬菜浓汤拉面的开拓者“蘸面圆寺”10年前在高圆寺创造出了这道美食。老板从原来的西餐行业转行进入拉面行业之后，希望加大拉面中蔬菜的使用量，因此将西餐的蔬菜浓汤制作方法引入拉面中，这就是法式蔬菜浓汤拉面的雏形。喝上一口汤，立刻能够品尝到蔬菜的甘甜，这浓厚又回味无穷的味道一下子吸引了大量食客。

使用的蔬菜每家店各有不同，主要是芋头、洋葱、胡萝卜等，“圆寺”通常会使用芋头、薯类等蔬菜。

关键词

该店法式蔬菜浓汤拉面的特点

1 蔬菜高汤中加入了动物类等高汤

由猪、鸡、鱼介等制成的高汤的加入可以丰富汤底的层次。“蘸面圆寺”会在蔬菜高汤中加入猪骨、鸡骨、鲣节、鲭节、杂鱼干、虾等。

2 拥有天然甘甜与鲜美的蔬菜糊

用搅拌机将生的马铃薯等薯类和芋头以及其他几种蔬菜打成糊状，制成的蔬菜糊就是汤底的基础。

3 品尝一下富有嚼劲的特粗面条

这种筋道的粗面和浓厚的汤底最为搭配。店里提供三种不同的面条：清香的胚芽面、筋道的粗面和日本产小麦面。

店铺信息

蘸面圆寺 吉祥寺总店

地址：东京都武藏野市吉祥寺南町1-1-1南阳大厦1层

☎0422-44-5303

营业时间：11:00—16:00、17:30—22:00

星期六、星期天、节日 11:00—22:00（最后点单时间：汤底售罄即止）

休息日：无

另有菜品推荐！

蘸汤里放了辣椒以及其他香辛料的“法式浓汤蘸面”（850日元）。图片上的面条口感顺滑、富有嚼劲。

副店长
大川晃

面条有3种可供选择！

拉面种类 9

法式拉面

信息

法式拉面

店名	面屋一途
菜单名	旨面·衣利
价格	900日元

面	中等粗的直面
汤底	高汤：小牛高汤（小牛牛骨、鸡骨、整鸡、调味蔬菜、鸡爪等） 调味：酱油、盖朗德盐
配菜	大葱、黄洋葱、紫洋葱、猪肉末

让人惊叹不已的小牛高汤

“法式拉面”是指在日式拉面汤底中加入法式高汤或调味汁的各种拉面，是非常考验厨师功底的菜品。

“面屋一途”给所有法式拉面带来巨大影响，它是由两位一直深耕在法餐领域的厨师创立的。两位店长都曾在日本的餐厅、宾馆担任过厨师长，而且都有在法国担任店长的经历。该店的法式拉面的汤底是以小牛高汤为基础，加入日高昆布、鲣节等制成。“旨面·衣利”每天销售的数量是限定的，拉面中加入的鲜奶油使拉面的口感更加浓厚。顾客还可以根据喜好加入店家自制的辣椒油，让整碗面充满中式风味。

关键词

该店法式拉面的特点

1 不输汤底的中等粗直面

这款拉面使用的是中等粗的直面条，能够更好地突出汤底的味道，同时它十分筋道，像意面一样富有嚼劲。

2 鲜奶油和味噌的加入丰富了拉面的层次

葱油、酱油、干辣椒、味噌、鲜奶油一并加入汤底。加热之后，再放入事先炒好的猪肉末。

3 熬好汤底静置一晚

用没有异味的小牛骨、鸡骨、整鸡等熬汤，长时间炖煮后，将熬好的汤静置一晚，这样做可以突出高汤的鲜香。

店铺信息

面屋一途

地址：东京都品川区小山2-17-30

☎ 03-6426-8428

营业时间：11:30—15:00、18:00—22:00

休息日：星期四（节日除外）

另有菜品推荐!

还有包厢提供给想品尝法式组菜的客人。
上图是组菜的前菜——“醋渍三文鱼和加热过的法式肉饼”。

9款面等你来品尝!

店员（左起）
渡迁幸司
狩野敏明
西川卓哉

拉面种类 10

鲜虾荞麦面

信息

鲜虾荞麦面

店名	五之神制作所
菜单名	鲜虾rich拉面
价格	780日元

面	中等细的直面
汤底	高汤：龙虾加其他肉类熬制 调味：酱油、虾油（甜虾、伊势龙虾或普通龙虾）
配菜	梅花肉叉烧、卷心菜、紫甘蓝、三角形笋干

鲜香十足的龙虾组成的多元风味

面条端上来时第一眼就能看到深红的汤底，以及汤底里的直面条、叉烧和三角形的笋干，中间还放着卷心菜和紫甘蓝。这碗面条的摆盘与色彩搭配给人留下了非常深的印象。

“五之神”团队一直致力于做出极具个性的拉面，“五之神制作所”是他们的第三家店。这款拉面的汤底是用虾头等熬成的，相较于清淡的甜虾，也只有龙虾才能熬出如此鲜香且浓厚的汤底，才能真正体现菜单里“rich”的含义。

关键词

该店鲜虾荞麦面的特点

1 一份凝结了时间与汗水的鲜美汤底

大火爆炒龙虾，除去虾类的腥味，炒出味噌的香味之后放入汤中。汤里还加入了事先熬好的鸡肉、猪肉高汤。

2 小火烤制的猪梅花肉叉烧鲜嫩多汁

叉烧是用猪梅花肉制成的，梅花肉脂肪较少，小火烤制可以让叉烧更加鲜嫩多汁。

3 让你品尝超级鲜美的地中海风味！

店里准备了两种“新口味”，番茄酱（100日元）和罗勒酱（50日元），加入汤底中秒变意式风味。

店铺信息

五之神制作所

地址：东京都新宿区百人町1-23-22寿宝大厦1层
☎ 03-5330-7261
营业时间：11:00—15:00、17:00—21:00
休息日：年末年初

另有菜品推荐！

加入满满罗勒酱的“罗勒饭”（150日元），与鲜虾荞麦面十分相配。

这碗拉面将龙虾的鲜味发挥到了极致

店主
石井功二郎

拉面种类 11

德岛拉面

信息

德岛拉面

店名	猪谷总店
菜单名	中华荞麦面（中，加肉）+生鸡蛋
价格	650日元（生鸡蛋另加50日元）

面	中等细的直短面
汤底	高汤：猪骨、蔬菜、海产品 调味：德岛产的酱油等
配菜	五花肉叉烧、笋干、豆芽、葱

米饭是它的固定搭配，上班族的活力源泉！

德岛拉面是“中式荞麦面”的一种，之前直接被称为“中式荞麦面”，受到当地人们的喜爱。我向“猪谷总店”的店主提出一直以来的疑惑：德岛临海，为何拉面的汤底却选择使用猪骨？他解释说，这是因为德岛以前有肉类加工厂，购买猪肉十分方便。猪骨汤底中加入蔬菜或海产品，使得汤底味道柔和清爽。调味汁中还加入了产自德岛的酱油，与汤底相得益彰。

2000年左右，“德岛拉面”的名称渐渐替代了以前的“中式荞麦面”。叉烧是五花肉切片后用酱油卤汁炖煮成的，因此十分入味，但又不失嚼劲。

关键词

该店德岛拉面的特点

1 炖煮入味的特制五花肉

五花肉切片后用酱油卤汁炖煮成的叉烧是店里的特色。肉片特意切得比较厚，保证了叉烧的嚼劲。

2 短短的直面条方便食客品尝

面条是店里自己做的，中等程度的细直面条煮熟后十分顺滑。面条长度控制在20厘米，食用时汤汁不容易飞溅，女性顾客也可以放心吃面。

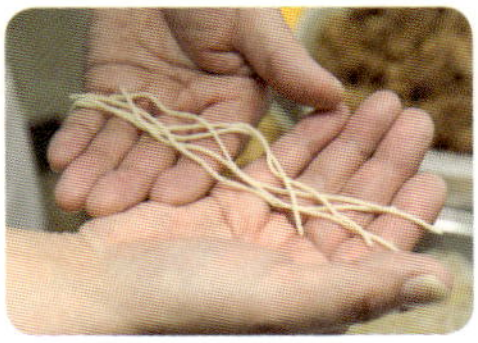

3 猪骨汤底中加入鱼介类食材

汤底是以猪骨为主要材料，加入了蔬菜以及店家秘制的海产品高汤。整个汤底香气扑鼻、层次丰富，调味汁的加入更使得汤底回味无穷。

店铺信息

猪谷总店

地址：德岛县德岛市西大工町4-25

☎ 088-653-1482

营业时间：10:30—17:30（售罄即止）

休息日：星期一

另有菜品推荐！

“拉面米饭”一直都非常受欢迎，所以“米饭”（150日元）是顾客必点的。有许多客人会用拉面的配菜和汤底下饭。

让你每天都念念不忘的味道

店主
猪谷贵雄

12 拉面种类

和歌山拉面

信息

和歌山拉面

店名	中华荞麦面 丸田屋岩出总店
菜单名	中华荞麦面
价格	700日元

面	中等细直面
汤底	高汤：猪骨、鸡骨 调味：酱油
配菜	叉烧、葱绿、笋干、鱼板

经典的猪骨酱油拉面，和歌山引以为傲的“中华”

“中华”(中华荞麦面)这一名字对于和歌山拉面来说十分亲切，它可以说是和歌山拉面的代称。据说它诞生于昭和初期的街边小吃店。当时在制作拉面汤底时没有煲汤这一概念，而仅仅是将猪骨与酱油一起煮熟即可，因此汤底比较清淡。而一家名叫“井出商店”的老字号，主厨有一次不小心将猪骨煮过了头，由此发现了制作浓厚汤底的方法。在20世纪90年代一经媒体宣传，和歌山拉面瞬间火遍日本。

“丸田屋”的店主丸田征吾也曾在“井出商店”当学徒，积累了相关经验之后，在2002年开了自己的第一家店。店铺的食材都是经过精挑细选的。在正式制作拉面前，店里员工会花上大量的时间处理食材，除去肉类本身的腥气。面条也是店里自己做的，富有韧劲，不容易坨。经典的猪骨酱油汤底配上自制面条，在努力还原和歌山味道的同时也不忘加入自己的创意。

关键词

该店和歌山拉面的特点

1 汤底厚重，回味清爽

最主要的成分就是猪骨汤和酱油。“丸田屋”在此基础上加入了鸡骨，大火熬制8小时以上，之后再与卤过叉烧的特制卤汁混合。

2 富有韧劲的自制中等细面

高筋面粉和中筋面粉按照一定比例混合制成的面条，既能吸收汤汁又不容易坨。店家特地在面条未完全煮软时再出锅装盘。

3 配菜简单，叉烧考究

“丸田屋”的叉烧使用的是三元猪(三种猪杂交而成的品种)的五花肉。叉烧切得很薄，便于入味。此外还配上了笋干、葱绿、鱼板。

店铺信息

中华荞麦面　丸田屋
岩出总店

地址：和歌山县岩出市中黑623-1
☎0736-63-1245
营业时间：11:00—23:30
(最后点单时间)
休息日：无

另有推荐！

在和歌山的饮食文化中，拉面通常和寿司搭配在一起。推荐您品尝一下和歌山有名的“早寿司”，是用稍稍发酵的鲭鱼做成的。

每天都吃不厌的味道！

统括店长
井上靖浩

拉面种类 13

燕背脂系拉面

信息

燕背脂系拉面

店名	**杭州饭店**
菜单名	**中华荞麦面**
价格	**800日元**

面	特粗宽面
汤底	高汤：猪骨、背脂（猪里脊脂肪）、杂鱼干等 调味：以酱油为主
配菜	叉烧、笋干、洋葱

为减缓拉面的冷却速度，汤底中加入了背脂

拉面汤底中加入背脂这一做法是源于“杭州饭店”，后经“福来亭”而广为人知。“杭州饭店”是现任店主徐先生的祖父在昭和八年（1933年）开设的。当时饭店时常会给周边的工厂送餐，为了保证顾客能吃上热腾腾的拉面，饭店便想出了在汤底中加入背脂以减缓冷却速度的办法，特粗面条也可以减少面条黏在一起的情况。从此，饭店每天早上都会熬煮汤底。在猪骨汤中加入杂鱼干高汤，鱼介的香味加上猪骨的甘甜，层次丰富又浓厚，回味清爽。还要加入点睛之笔——洋葱粒，突出猪骨汤甘甜的同时，又丰富了口感。从开店至今，说起中华荞麦面，当地人总会第一时间想到“杭州饭店”。

关键词

该店燕背脂系拉面的特点

1 吸收了满满汤汁的粗宽面

面条把背脂牢牢地锁在了汤中。面条是自制的特粗宽面，口感比较硬，一份250克。

2 酱油调味汁和配菜洋葱是它的特色

与汤底搭配的调味汁是浓口酱油，回味清爽。配菜洋葱与甘甜的猪骨汤和酱油相得益彰。

3 甘甜的猪骨和杂鱼干高汤带来双重美味

汤底的主要食材是猪骨和杂鱼干，这样的组合可以提高鱼介类的香味和清爽感，减少油腻。汤中的背脂没有丝毫油腻感。

店铺信息

杭州饭店

地址：新潟县燕市燕49-4
☎0256-64-3770
营业时间：11:00—14:30、17:00—19:50（最后点单时间）
双休日、节日11:00—19:50（最后点单时间）
（售罄即止）
休息日：星期一（每月有一次星期一、星期二连休）

推荐搭配！

从皮到馅均全手工制作的“煎饺”（4个800日元），又大又脆。筋道的饺子皮搭配上扎实的馅料，绝赞！

家人一起打造第三代的味道！

店主（右）徐直幸
妻子（左）歌织

14
拉面种类

富山黑拉面

信息

富山黑拉面

店名	**西町大喜西町总店**
菜单名	**中华荞麦面小（标准大小）**
价格	**750日元**

面	硬的粗直面
汤底	高汤：鸡骨汤底 调味：胡椒及各种酱油的组合
配菜	叉烧、笋干、葱

上班族的力量源泉，下饭的漆黑拉面

“西町大喜”于昭和二十二年（1947年）创立，是一家有名的老字号。可以说富山黑拉面是由它发扬光大的，该拉面最明显的特点就是漆黑的汤底。“当地很多人都是我们店的常客，所有富山居民都吃过我们家的拉面。”统括店长谷川介绍道。富山黑拉面原本是为了给参与战后复兴的劳动人民补充盐分，作为下饭菜而诞生的。因此拉面的口味比较重，汤底使用的浓口酱油有一种特殊的芳香，能让人食欲大增。与汤底搭配的是口感较硬的粗直面条，还有大块的叉烧以及卤过的笋干。

关键词

该店富山黑拉面的特点

1 从创立起从未变过的调味汁

西町大喜的创立者所确定的酱油调味汁，是用几种酱油混合而成的。现在拉面中依旧使用的是该秘方。

2 固定配菜鲜味十足

叉烧、干笋、葱是这款拉面的固定配菜。用酱油调味汁卤过的叉烧和鲜美的笋干构成了店的招牌味道。

3 胡椒的香味是味道的关键

富山黑拉面的另一大特点就是一眼就能看见的黑胡椒。大颗粒的黑胡椒粒增加了汤底的香味，是拉面的点睛之笔。

店铺信息

西町大喜西町总店

地址：富山县富山市太田口路1-1-7
☎076-423-3001
营业时间：11:00—20:00
休息日：星期三（节日顺延一天）

推荐搭配！

和富山黑拉面搭配的菜品很简单，就是米饭（小份120日元）和生鸡蛋。重口味的拉面配上米饭正合适。

请品尝令人怀念的富山味道

统括店长
谷川敏之

拉面种类 15

喜多方拉面

信息

喜多方拉面

店名	源来轩
菜单名	拉面（酱油）
价格	650日元

面	粗宽卷面
汤底	高汤：杂鱼干、鸡骨、猪骨、蔬菜等 调味：酱油
配菜	叉烧、笋干、鱼板、大葱

源自中式荞麦面的街边小吃店，传承令人怀念的味道

喜多方拉面的历史可以追溯到大正时代（1912—1926年）末期，一位来自中国浙江的年轻人开的街边小吃店——“中国荞麦面小吃店”。喜多方拉面最大的特点就是使用水分含量很高的宽面。这种独特的粗宽卷面搭配上酱油汤底，构成了最传统的喜多方拉面。

“源来轩”创立于大正十四年（1925年），它家可以称得上是喜多方拉面的鼻祖。“源来轩”的创立者是藩钦星，第二代店长现在还坚守在厨房。从手工面条到用当地酱油炖煮的猪肉，再到用晒干的笋自制的笋干等，他一直在传承着最初的味道。

关键词

该店喜多方拉面的特点

1 独特的粗宽卷面，含水量很高

面的宽度各家店都不尽相同，但大体上都是3~4毫米。面条与酱油汤底十分相配，而且非常有嚼劲。

2 简单的配菜突出汤底与面条的味道

笋干、鱼板、大葱、叉烧是基本配菜。叉烧的食材通常是猪梅花肉或五花肉，用当地的酱油卤制而成。

3 在大量沸水中煮面条

面条的煮制时间控制在2~3分钟。煮好后装盘，往里倒入酱油调味汁和高汤。为了保证面的口感，必须严格控制煮面时间。

店铺信息

源来軒

地址：福岛县喜多方市一本木上7745

☎ 0241-22-0091

营业时间：10:00—19:30

（汤底售罄即止）

休息日：星期二

（节日时营业，第二天或前一天休息）

另有菜品推荐！

“馄饨”（750日元）。自制的馄饨皮，包上猪肉大葱馅，鲜嫩爽滑。

我们的特色是手工擀面，从开业一直坚持到现在

拉面种类 16

熊本拉面

信息

熊本拉面

店名	**黑亭总店**
菜单名	**拉面**
价格	**680日元**

面	中等粗直面
汤底	高汤：猪头骨 调味：酱油
配菜	叉烧、海苔、葱、木耳

久留米最经典的猪骨拉面，加入大蒜注入灵魂

久留米有着最经典的熊本拉面。久留米的“三九”（现已停业）曾有一款奶白汤底的猪骨拉面，在诞生之初就受到了众多熊本市民的喜爱。之后“三九”在熊本县的玉名开了一家分店，山中安敏、木村一和重光孝治也纷纷跟随，分别开设了“小紫”“松叶轩”“味千”拉面店。就这样，猪骨拉面开始走进熊本城区。

创立于1975年的“黑亭”也是有名的老字号，与上述三家店齐名。在现任负责人平林京子的建议下，黑亭开始使用自制面条，传承传统味道的同时，改善创新的脚步也从未停止。

关键词

该店熊本拉面的特点

1 味道柔和的奶白色猪骨汤

奶白汤底通常是用猪骨或猪骨加鸡骨熬制而成的。“黑亭”别出心裁地选用猪头骨作为熬汤的原材料。

2 中等粗直面拉面店的首选

一份面条重为110~130克。“黑亭”的面条是自制的，里面加入了石臼捣碎的小麦粉。

3 必不可少的大蒜

炸大蒜、熬制的蒜油、烤大蒜等，大蒜是熊本拉面的灵魂。“黑亭”使用的是熬制的蒜油。

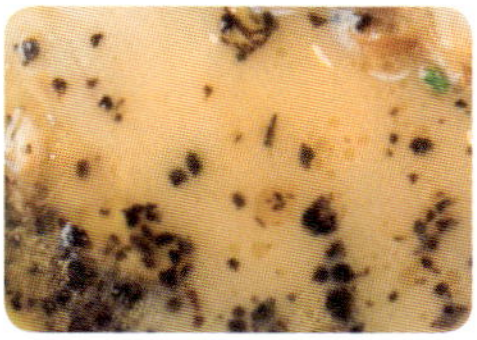

店铺信息

黑亭 总店

地址：熊本县熊本市西区二本木2-1-23
☎096-352-1648
营业时间：10:30—20:30（最后点单时间）
休息日：星期四、年末年初

另有菜品推荐！

“猪茸饭”（300日元，另加50日元可加鸡蛋），叉烧卤汁的加入让人充满食欲，鸡蛋则让味道更加柔和。

推荐您品尝实惠的黑亭套餐

员工
中山香织

拉面种类 17

东池袋大胜轩系拉面

信息

东池袋大胜轩系拉面

店名	**六厘舍大崎店**
菜单名	**蘸面**
价格	**830日元**

面	特粗面
汤底	高汤：猪骨、鸡骨、猪蹄、杂鱼干、鲭节、鲣节等 调味：酱油、突出杂鱼干风味的香料油
配菜	叉烧、葱、鱼板、海苔、鱼粉、卤蛋

蘸面的甜酸，黄金比例

“六厘舍”的店主曾经痴迷于“大胜轩”拉面，他从“笼屉荞麦面”(煮好的荞麦面用笼屉装好并蘸调料汁食用)中得到启发做出了“蘸面”。浓厚的汤底源于一次熬汤时熬过了头而获得了灵感，经过2年时间的改进才有了现在的鱼介猪骨汤。

对于蘸面而言，最重要的是甜味与酸味的平衡。酸橙醋的加入给浓厚的汤底带来些许清爽，醋的酸味和汤底的甘甜融合得恰到好处。从“六厘舍”的蘸面开始，浓厚汤底和特粗面条的组合成为固定的搭配。现在店里每年还会调整汤底的配方，不断改进，以求做出更美味的拉面。

关键词

该店东池袋大胜轩系拉面的特点

1 **吸满了蘸料的特粗面条**

一份常规分量的特粗面条煮熟后大约重450克，煮制时间在10分钟以上。面条口感筋道，可以品尝出小麦的香气。

2 **浓厚的鱼介猪骨汤**

汤底以动物类食材为主，加入了杂鱼干、鲭鱼等几种鱼介食材增加汤底风味。汤底浓稠但不油腻。

3 **配菜的加入丰富了拉面的口味**

“猪肉叉烧末”“鱼粉”以及“辛辣食材”等融入汤底后，拉面的味道也随之改变。该店还在不断探索新的配菜。

店铺信息

六厘舍 大崎店

地址：东京都品川区大崎2-11-1大崎With city terrace 1层103号

☎03-6417-3566

营业时间：11:00—22:30

(最后点单时间22:00)

休息日：无

另有菜品推荐!

“鲜虾蘸面”(930日元)将甜虾搅拌成泥后加入特制的油调味而成。鲜虾的鲜美让人食欲大增。

这里有让你吃不腻的美食！

大崎店店长

山口拓朗

18
拉面种类

希望轩系拉面

信息

希望轩系拉面

店名	**希望轩本铺吉祥寺**
菜单名	**背脂猪骨酱油拉面**
价格	**650日元**

面	中等细卷面
汤底	高汤：猪骨 调味：酱油、鸡骨、马铃薯、洋葱、胡萝卜、葱等调味蔬菜
配菜	海苔、叉烧、豆芽、葱

猪骨酱油+背脂，让人欲罢不能的美味

“希望轩”创立于昭和十年（1935年），它家拉面最大的特点就是汤底上漂浮着厚厚的背脂。汤底的色泽浓郁、味道厚重，却又带着一些甘甜，这是因为其中加入了大量的蔬菜。开店初期，店里还会提供咖喱等菜品，现在只有中华荞麦面和叉烧面两种。

“希望轩”在制作拉面时会将背脂打散放入汤底，这是“唰唰背脂系拉面”最经典的做法。背脂系拉面广受好评，因此该派系新品层出不穷。

关键词

该店希望轩系拉面的特点

1 精选原材料。面条不使用添加剂

“希望轩”和昭和产业的合作历史已超过60年，店里使用的面条都是委托昭和产业制作的。无任何添加剂的面条的保质期非常短，这是店主坚守的底线。

2 100%的青森大蒜

青森大蒜香气浓郁但价格较高，“希望轩”坚持使用纯青森大蒜，右图中绿色的蒜末就是最好的证明。

3 香辣的特制辣油“唐华”

以精选辣椒和蚝油为主要食材制作而成的“唐华”，顾客可以按照自己喜好添加。

店铺信息

希望轩本铺吉祥寺

地址：东京都武藏野市吉祥寺本町1-14-12
☎ 0422-20-0530
营业时间：星期一—星期六、节日11:30—第二天3:00、星期天—第二天2:00
休息：全年无休

另有菜品推荐！

菜单上只有两种菜品，另一种是“叉烧面”（980日元）。叉烧配合汤底食用，味道更好。

员工
难波敦子

专注做好两种面

拉面种类 19

青叶系拉面

信息

青叶系拉面

店名	**青叶中野总店**
菜单名	**特制中华荞麦面**
价格	**900日元**

面 细直面

汤底 高汤：猪骨、鸡骨、鲣节、鲭节、杂鱼干
调味：白酱油、酱油

配菜 叉烧、笋干、海苔、鱼板、葱、煮鸡蛋

双重汤底的魅力，衍生拉面增加中

漫步在中野街头，在各色招牌中，你一定会看见一家挂着纯白暖帘的店铺——“青叶中野总店”。“青叶”虽然在关东各县拥有多家分店，但是总店的地位依旧是不可撼动的。开店20年来，店里菜单上只有“中华荞麦面”“特制中华荞麦面”“蘸面”以及“特制蘸面”4种。所谓特制就是增加了叉烧和笋干的用量，并且多了一个卤蛋。

“青叶”最出名的就是双重汤底。日式鱼介类高汤和动物类的猪骨汤按照一定比例混合，双重汤底综合了两种高汤的鲜美，俘获了许多食客的芳心。

关键词

该店青叶系拉面的特点

1 混合汤底将食材的味道发挥到了极致

“双重汤底”综合了日式鱼介类高汤和动物类猪骨汤的优势，极大地丰富了汤底的风味与层次。一般是在营业快开始的时候才用大锅将两种高汤混合。

2 糯糯的面条含水量充足

特制的面条也综合了“乌冬面”和“中华面”的长处，充足的含水量保证了面条的口感。面条在做好后会立刻送到店里，确保顾客可以品尝到面条中小麦的清香。

3 恰到好处的配料才能熬出鲜香的鱼介高汤

鱼介高汤的原材料有鲣节、鲭节和杂鱼干。杂鱼干主要是日本鳀和远东拟沙丁鱼，这两种鱼没有腥味。正是因为有着丰富的食材才能熬出风味浓郁、层次多样的高汤。

店铺信息

青叶中野总店

地址：东京都中野区中野5-58-1

☎03-3388-5552

营业时间：10:30—21:00

休息日：无

另有菜品推荐！

除了中华荞麦面，菜单上另一个固定菜品是“蘸面”。蘸面的汤底比中华荞麦面更加厚重，还加入了辣椒。同时店里也有“特制蘸面”供食客选择。

我们一直致力于为当地人们提供美食

店主
后藤崇之

20 拉面种类

桌袱屋系拉面

信息

桌袱屋系拉面

店名	**鸣龙**
菜单名	**酱油拉面**
价格	**750日元**

面	中细直面
汤底	高汤：酱油、干货等 调味：整鸡、鱼介、蔬菜
配菜	叉烧、葱、笋干

融合了法餐和中餐特点的原创味道

护国寺曾经有一家名叫“桌袱屋”的拉面店，拉面店老板森住做过法餐厨师。他使用法餐的烹饪手法创造出了一道以鸡肉为主要食材的拉面，口感细腻、味道厚重。“鸣龙”的店主以前曾在“MIST”（香港的一家拉面店）工作，之后才在大塚开了这家拉面店。他不断地改进桌袱屋系拉面的口味，尝试性地在熬汤时加入牛骨、生蚝等食材，终于熬出了一碗味道丰富、层次多样的汤底。店主在传承桌袱屋系拉面味道的同时，不忘加入自己的创意。

关键词

该店桌袱屋系拉面的特点

1 真空低温烹饪的叉烧

经过蒸汽对流式烤箱的真空低温烹饪，叉烧肉质鲜嫩。也只有法式餐厅才会在第一时间购入这种顶级设备吧。

2 以整鸡为原料的汤底层次丰富

熬汤时鸡是必不可少的食材，“鸣龙”放弃使用鸡骨而选择了整鸡，再加上牛骨、生蚝等食材的使用，极大地丰富了汤底的味道。

3 平底笊篱将面条的的水分充分控干

桌袱屋系拉面店通常会用平底笊篱将面条的水分控干。平底笊篱的表面积很大，能够快速地控干面条的水分。

店铺信息

鸣龙

地址：东京都丰岛区南大塚2-34-4 SKY南大塚1层

☎ 03-6304-1811

营业时间：11:30—15:00（最后点单时间）、18:00—21:00（最后点单时间）

休息日：星期二（星期一仅白天营业）

另有菜品推荐！

曾是中餐厨师的店主做的“担担面”（800日元），精心熬制的麻油和店里自制的辣椒油绝对不容错过。

本店曾被评为米其林一星餐厅

店主
斋藤一将

拉面种类 21

中村屋系拉面

DATA

中村屋系

店名	**中村屋海老名**
菜单名	**中村屋拉面 盐**
价格	**950日元**

面	细直面
汤底	高汤：昆布、杂鱼干、鲭节、鲣节 调味：盐、鸡高汤等
配菜	烤猪肉、鸡肉叉烧、卤蛋半个、海苔5片、笋干、绿叶菜、葱花

中村荣利，一个不断尝试创新的创业者

1999年，22岁的中村荣利开了一家拉面店——“中村屋”。当时拉面汤底的主流食材是鸡骨、猪骨，但中村荣利却创新性地加入了鱼介高汤。他在赴美留学期间因想念母亲做的拉面，便按照模糊的印象加上自己的创意，熬出了独一无二的拉面汤底。也正因为这段经历，才有了后来的“中村屋”拉面汤底，它与传统的神奈川清淡派有着显著区别。

开业之后，中村荣利依旧在不断改进拉面的口味，比如“去掉一切不必要的食材”，让汤底色泽更加清亮；只有葱花的“素荞麦面”；控干面条水分时的创意设计“从天而降”，等等。这些创意不断地吸引人们的目光。现在店里还推出了无猪肉汤底、无猪肉饺子等，中村荣利的创意还在不断地涌现出来。

关键词

该店中村屋系拉面的特点

1 木鱼花要等到汤底出锅前才刨

昆布、杂鱼干等食材用小火慢炖，刨木鱼花（由鲣节刨制而成超薄片）这一步一定要等到出锅前进行。这是因为刚刨出来的木鱼花香味最浓。

2 是时候表演真正的技术了！从天而降

高高举起的漏勺一瞬间迅速下落，这个控干面条水分的动作被称为“从天而降”，从开业起就是“中村屋”的代名词。

3 从开店起坚持到现在的炭烤叉烧

烤叉烧在现在并不少见，但是像“中村屋”这种从开店起坚持到现在的却不多，而且“中村屋”的叉烧都是用炭火烤制的。

店铺信息

中村屋海老名

地址：神奈川县海老名市中央2-5-41Aeon立体停车场1层

☎ 046-233-7278

营业时间：工作日11:00—14:30、18:00—21:00
双休日、节日11:00—21:00（汤底售罄即止）

休息日：不定时

另有菜品推荐！

“炙烤生猪肉饭”（350日元）。切得极薄的烤猪肉遇上热腾腾的米饭，猪肉的油脂都融进了米饭中，浇上一层酱汁，温润又美味！

统括部长
马田纮臣

我们从未放弃对味道的追求，请务必来店品尝！

拉面种类 22

面屋武藏系拉面

信息

面屋武藏系拉面

店名	**面屋武藏新宿总店**
菜单名	**武藏拉面**
价格	**1100日元**

面	中等粗卷面
汤底	高汤：鱼介、猪、鸡 调味：酱油
配菜	炖肉块

经过重重改良的汤底，鱼介与动物类的融合

创立于1996年的“面屋武藏”，其特点之一就是大量使用鱼介类干货熬制高汤。以鱼介高汤为基础加入猪肉、鸡肉等动物高汤，就做出了味道层次丰富的汤底。此外，店里熬制的“虾油”也一度成为热议话题，虾油的加入更加丰富了汤底的味道。现在店里把虾油的原材料从干虾换成了甜虾，使得拉面的味道更加和谐。经过重重改良的汤底遇上浓口酱油，口感细腻、味道绝佳，这就是武藏系汤底。

关键词

该店面屋武藏系拉面的特点

1 浓口酱油突出鱼介的味道

酱油将高汤的风味发挥到了极致，特别是浓口酱油与鱼介高汤十分相配。店里使用的酱油是东京老字号酿造所的“龟甲五酱油”。

2 鲣节、鲭节、杂鱼干等数种鱼介干货熬成的高汤

武藏系拉面汤底的特点之一就是味道丰富，因为它综合了数种鱼介食材的风味。新宿总店还在其中加入了“枯节”高汤。

3 厚厚的炖肉块鲜美多汁

店里的配菜——炖肉块也非常有名。新宿总店在制作炖肉块时会事先炸制肉块，锁住肉的鲜味。之后再用特制的酱油炖煮5小时。

店铺信息

面屋武藏新宿总店

地址：东京都新宿区西新宿7-2-6 K1大厦1层
☎ 03-3363-4634
营业时间：11:00—22:30（最后点单时间）
休息日：无

另有菜品推荐！

用特殊的方法做出的“刀切武藏蘸面”（1150日元），面条比较粗，有嚼劲。每天固定销售20份，一定要尝尝。

也请尝尝限时供应的拉面

大总管
岩濑良

拉面种类 23

世田屋系拉面

信息

世田屋系拉面

店名	**世田屋驹泽总店**
菜单名	**拉面**
价格	**720日元**

面	中等细直面
汤底	高汤：鱼介、猪、鸡 调味：酱油（数种酱油的混合）
配菜	烤猪颈猪头肉、笋干、海苔、鱼板

孜孜以求的努力，让人垂涎的美食

“世田屋系拉面”的汤底综合了鱼类和猪肉或鸡肉的鲜味。鱼介高汤是汤底的基础，各家店选用的杂鱼干、鱼节种类和比例各不相同，但都是经过精挑细选的。熬制鱼介高汤需要用到大量的食材，高汤熬成后加入猪、鸡等动物高汤，增加汤底味道的层次。

虽然“世田屋驹泽总店”一直以来广受食客喜爱，但是店铺从未满足于此，一直在追寻更高的目标。自开业以来，店里对于汤底、调味汁以及配菜已经进行了200多次改良，今后店铺依旧会坚持不断改进，努力做出更好的美食。

关键词

该店世田屋系拉面的特点

1 数种鱼类干货熬成的高汤

许多拉面店都是用鱼介类干货熬制高汤的。“世田屋总店”选择了日本鳀、脂眼鲱鱼鱼干、高知县产的宗田节（鲣节的一种）厚片和鲭节厚片4种。

2 加入动物类高汤双重美味的极致享受

鱼介高汤中加入猪或鸡高汤，增加汤底味道的层次。店里主要使用了猪骨、猪蹄、猪皮、鸡骨、鸡爪等熬制动物类高汤。

3 数种酱油混合而成的调味汁

汤底的调味汁是用几种酱油混合而成的。浓口酱油、薄口酱油、二段熟成酱油等4种酱油混合，丰富了调味汁的味道和层次。

店铺信息

世田屋驹泽总店

地址：东京都世田谷区野泽2-1-2

☎03-3418-6938

营业时间：18:00—第二天3:00（最后点单时间）

休息日：星期三（遇上节日则顺延至星期四）

推荐搭配！

老板的老家高知县的特色菜“高知屋台煎饺”（400日元），口感比较接近炸过的饺子，脆脆的饺子咬上一口就停不下来！

“世田屋的蘸面”也值得一尝

总店店长
伊藤和博

第二章

● 那家名店

01

东京笹塚

65年
在一个地方
坚守

福寿

难以忘怀的

商业街的某个角落，一栋有着65年历史的建筑。在非营业时间，来往的路人有时甚至不会注意到这里有家拉面店。但是营业时间一到，挂上暖帘的店铺仿佛突然间有了生命，不断地向周围散发着活力。雪白的暖帘就像一直在店里坚守的那个人，矜持而高傲。

那碗拉面

无论何时心底总有珍藏的『一碗』

无论是锐意进取的新店，还是大排长队的名店，
让人不经意间想起的
是留恋的味道，无关浮华。
正是最普通的那一碗，
无论何时，都能给食客带去心灵的慰藉。

照片：加藤史人、久保田敦

1

2

从前的灶台一直用到现在

笹塚地铁附近十号坂商业街的角落伫立着一家颇有历史感的店铺。相较于时下新兴的“复古风”，店铺的外观与风格似乎更偏向于“古典”。

踏进店的一瞬间感觉回到了过去，吧台、桌子、圆形椅子……店里所有的东西都有种莫名的亲切感，就像“昭和食堂”一样。

“也有人说店里的摆设很有历史感，还来这里拍电影了。毕竟电影棚再怎么布置也不如真实的场景啊！”小林克也笑着说，他是第二代店主。自昭和二十六年（1951年）开业以来，店铺虽时有修缮，但外观上却没有太大变化。

整个餐厅最引人注目的莫过于灶台了，别被它的外表欺骗了，它的实用性很强大。灶台上的锅一次性可以煮2大袋米（大约60千克），旁边还有一个煮汤的大铁锅。铁锅

1）店里所有的工作都由小林一个人完成。从烹饪到上菜，整个过程他已烂熟于心。

2）店里的酱油调味汁被称作“源”。它是制作日本荞麦面酱汁的主要原料。“源”加上秘制的汤底构成了“福寿”拉面店最主要的味道。

3）小林和客人说话时总是带着笑意，可是一旦开始煮面，整个人就变得严肃起来。虽然煮面这个过程他已经重复了不止10万次，但他依旧认真对待每一碗面。

4）拉面只要500日元！

3

4

5

大到需张开双臂才能够到两边。“煮饭的铁锅现在已经退役了。以前多亏了它，不然哪里能一下子炖那么多汤提供给客人。”

有一段时间拉面店以送外卖为主业，为了给附近公司送100碗拉面，店里雇了10个送餐员。当时烹饪的场地比现在大多了，十多个碗排成一排流水线作业。“当时是我父亲掌勺，煮面通常是十人份、二十人份起步，忙的时候还曾一次性煮过四十人份的面条。不过煮面也不是件容易的事，煮不好很可能会坨在一起，可见煮面也需要一定的技术。”

“这里能够感受到昭和时代的气息，可以与文化遗产媲美。”

上）吧台将厨房包围了起来，灶台也在其中。店里也有独立的餐桌。
右）这是昭和二十六年开业时小林父母的照片，当时道路还没有铺好。照片中的招牌现在已经没有了，但是推拉门还保留着原来的样子。

6

7

5）大铁锅常年冒着腾腾热气。灶台曾经坏过一次，修好后一直用到了现在。“整个餐厅都保持着几十年前的样子，如果单独把灶台换成新的不就破坏了原有的和谐了？”
6）笋干、葱等配菜。
7）除了拉面，馄饨皮也是店里的特色，其独特的爽滑口感吸引了众多狂热粉丝。

1 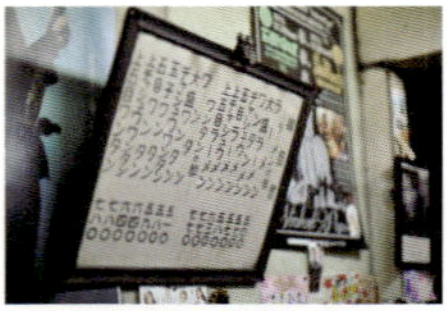

2 

3 

4 

1）菜单也很有意思。以“上”开头的菜品都与日本荞麦面有关。

2）即使一个人包揽所有工作，操作台也井然有序。

3）筷子笼是美浓烧（日本著名瓷器）的一个窑口制作的，店里的餐具很多都在那里烧制。“因为我从他们那儿订购了很多东西，所以就免费给我做了这个。”

4）吃完拉面，汤喝到最后，看见了碗底的文字“日本一”（“日本第一”的意思），这是小林的父亲注册的商标，确实是当之无愧。

甘甜又柔和！味道和谐的汤底

小林的父亲曾在日本荞麦面店工作。

“在创业以前，我父亲曾在新宿站前的日本荞麦店工作。据说这家店在当时很受欢迎。”

小林的父亲原本打算在笹塚也开一家日本荞麦面店，但是附近已经有同类型的店，所以就选择了当时新兴的中华荞麦面。

“上五目拉面”（770日元）。配有叉烧、鸡蛋、笋干、鱼板，还有小松菜、鱼糕、香菇。甘煮（以糖为主要调味料的日式烹饪手法）的香菇受到了以前日本荞麦面店的什锦荞麦面的影响。

同一时期人气最高的店铺是“Home Run轩”，也就是现在“希望轩”的前身，背脂系拉面的鼻祖。但是“福寿”却另辟蹊径，这主要是因为荞麦面的蘸汁。

小林表示“汤底的食材不外传”，不过他也没有否认拉面的调味汁源于荞麦面蘸汁。甘甜的酱油味与汤底完美融合，味道柔和圆润。许多老字号的拉面都带着些许怀旧的味道，而“福寿”却截然不同。它的拉面充满着现代气息，有着强烈的个性。毕竟光凭店铺的外表是不可能得到食客长久支持的。

“以日本荞麦面为基础，创造出属于自己的味道。”

“叉烧面”（580日元）。入味的叉烧完美地和汤底、面搭配在一起。如果喜欢叉烧面，建议选择叉烧数量更多的“上叉烧面”（770日元）。

暖帘一挂上，食客便接踵而至。"让人感到意外的是女性顾客占大多数。有时还有女高中生独自来店里吃面。"小林介绍说。我们采访时也刚好遇上了一群女性顾客。

快煮法，突出面条的原味

被汤汁包裹的细卷面，三两下便下了肚。面条的口感与味道与众不同，这与煮面的技巧不无关系。小林煮面的时间控制在20秒，因而面条煮过后还保持着较硬的口感。

“这可能和我用灶台煮面有关系吧。虽然柴火已经换成了液化气，但是火力还是很猛的。”

大量沸水快煮面，这是突出面条原味的秘诀之一。小林十分注重制作拉面的各道工序，认真且高质量地完成着每个步骤。

小林对拉面的重视从店内的环境和布局都可以感受到。虽然拉面店充满了历史感，但仔细看看餐桌、厨房的器具都一尘不染。在这样整洁的环境中，吃着如此美味的拉面。光顾这里不仅是出于怀旧，更是为了品尝小林的孤独与坚持。

店铺信息
福寿

地址：东京都涉谷区笹塚3-19-1
☎ 03-3377-2615
营业时间：15:30—21:00、
星期六13:00—21:00、
星期天12:00—21:00
（售罄即止）
休息日：星期二

“用超高水准，完成基础工序。”

1

1）小林身后的置物架据说原来是堆放柴火的地方，现在上面放着食客们留下的照片，还有许多名人私下也光顾过他的店铺。置物架上的照片和画的摆放也非常随性。
2）小林的摩托车停在墙的旁边。

2

兵库尼崎

● 那家名店

02

小小家族写出尼崎100年的拉面史

大贯总店

“现存最古老的 拉面店 独一无二的味道”

1
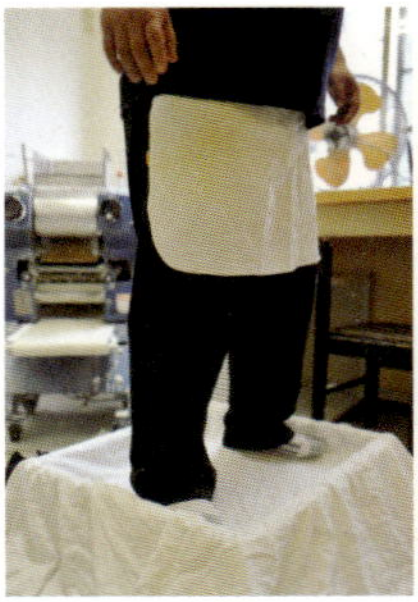

2

3

大正元年在尼崎风靡一时 移动小吃店都有好几家

拉面现已成为日本饮食文化的一部分。据说日本最早的拉面店是浅草的“来来轩”，创立于明治四十三年（1910年），当时中华荞麦面横空出世、轰动一时，因为后继无人，“来来轩”于昭和五十一年（1976年）关店。受到“来来轩”的影响，大正元年（1912年），一位来自仙台的年轻人在神户的外国人居留地开了一家中华荞麦面屋。这位年轻人就是尼崎“大贯总店”的创始人千坂长治。

1）上午8点左右，店里开始制作面条。并不是踩踏次数越多，做出来的面条就越好，想要做出筋道的面条需要把握踩踏的力度，这依赖于专业人士的精准判断。
2）做好的面条需要放置一天以上，这样处理过的面条更加筋道。
3）配菜有叉烧、整朵的木耳、笋干、葱。叉烧选用的是猪五花肉，用传统工艺烹制而成。
4）招牌菜“中华荞麦面”（850日元）。刚入口时味道柔和纯粹，随后拉面的浓厚汤汁在口中散开，回味清爽。面条中等粗、微卷。
5）汤底是由鸡骨和猪骨熬成的白汤，加入了酿造酱油调味汁和自家产的酱油。

5

“听长辈说当时在居留地，只有外国人才能办理营业许可证，我的曾祖父用了些小手段，他雇用了中国人做厨师，然后说服了警察署署长，这才得到了营业许可证。”长治的曾孙、拉面店的第四代传人千坂创介绍道。当时长治除了一家拉面店，还拥有10个移动小吃店，可见拉面在当时的风靡程度。因为拉面在当时是十分稀罕的食物，所以小吃车也成了许多小偷的目标。

之后第二代店主在昭和二十七年（1952年），趁着战后的混乱把拉面店搬迁到了尼崎。店铺虽然搬迁了，但是创始人长治的脚踏鸡蛋面和酿造酱油调味汁历经百年，传承至今。

4

“强化古典味道，革新拉面技术。”

“大贯”的核心——脚踏面和传说中的调味汁

说起“大贯”就一定会想到他们家的“脚踏”鸡蛋面。面粉和鸡蛋加水混合后，用脚踩踏出独特的劲道口感。

“因为当时没有面条生产商，要是现在应该就可以用机器制作了。但是我们还是要守护和继承流传下来的精髓。”

千坂创在24岁的时候开始负责制作面条，令人惊讶的是制面的教学只安排了两天时间。

“我自己也惊呆了。但是师傅和我说以后你做出的面条就是“大贯”的面条了。”

1

4）第三代店主将铁铲当作锅铲使用，使用了35年的铁铲比新铲子小了一大圈。

5）用漏孔半封口的大勺、开有小口的锅盖等，这些工具都是第二代店主设计并委托工匠制作的。

6）铁铲可以很方便地在直径130厘米的大锅中翻炒，根据每位顾客的需求进行调味。

4

5

6

或许是因为千坂创骨子里就有做面条的基因，师傅教给了他原料的大致配比，并告诉他需要根据温度适当地调整用量和踩踏的次数。“要一边和面粉对话一边制作”，这已经练成条件反射了。

2

此外，自创业以来传承至今的“酿造酱油调味汁”是传统老味道的重要保证。调味汁的加入极大地丰富了汤底的层次。

“这其实是顾客创造出来的味道。虽然是‘传统调味汁’，但是每天都必须要使用一定的量，才能保证调味汁不变质。正是有了当地顾客的支持，我们才能将老调味汁一代一代地传下去。”

这份老味道今后也将继续得到顾客们的支持。

3

1）“炒饭”（普通分量950日元）是“尼崎黑炒饭”中最有名的一种。大铁铲让每一粒米饭都吸满了酿造酱油调味汁，色香味俱佳。分量也比一般店里的要多，可以充分满足你的胃口。

2）勾芡的“杂烩”（1050日元）是第二代店主在昭和二十七年（1952年）的创意。它是尼崎地方特色美食的起源。

3）千坂创从学生时期就开始帮厨，25岁时开始掌厨。“学习的脚步永不停止，一旦满足于现状，那就完了。”

左）店内摆放着居住在卢屋市（位于兵库县东南部）的女画家宫本典的作品。其中还有以“大贯”为主题的画作。

上）据第三代店主说，“大贯”是关西地区第一家为顾客提供喼汁的店铺。许多老主顾喜欢在“炒饭”中加入喼汁调味。

“贯彻传统味道，继承那份骄傲。”

现在的店铺是在阪神·淡路大地震之后重建的。“大贯”已经和尼崎这座城市紧紧地联系在了一起，是当地数一数二的拉面店。“大贯”的顾客很多，当地的一些居民已经有四五代人都是店里的常客，也有一些回头客常常从大老远赶来品尝拉面。

为了代代相传的顾客，守护店里的味道

随着时代的变迁，各种流行味道层出不穷，“大贯”店主却一直心无旁骛地经营着这家店铺，没有开设分店，也从未放弃对传统味道的追求。当然在坚守底线的同时，“大贯”也在进行着一些改变。例如为了更好地保证食物的品质，店里不断地改进着打包容器；为了应对部分顾客的生鲜配送要求，店里一直努力找到最优的打包方法和技术。可见店铺并没有在“传统”这一印象中停滞不前，为了给顾客提供更美味的食物，店铺在不断地努力进取。正是源于为顾客着想的这份心意，“大贯”成为唯一一家传承四代的拉面店。

“和其他传统老字号相比，我们店的百年历史还是太短了。但是我们看着和爷爷一起来的孩子长大成人，工作后来店里第一次用自己的工资消费，成家之后又带着孩子光临。我们见证了无数人的成长，为了他们我们也要守护传统的味道。”

不争不抢，一心只为传承传统味道，这份执着今后也将继续给这座城市带来快乐。

1

1）店铺位于车站前的商业街。二战后店主听说尼崎建了一条商业街，就将店铺搬到了这里。在神户营业时的相邻店铺碰巧也先后搬到了商业街附近。由此可见当时尼崎的兴盛。

2）店里员工的T恤上写着“贯彻初心”，这是第一代店主传下来的经营理念。日本最早的拉面店“来来轩”的创始人名叫尾崎“贯”，这算是一种有意思的巧合吧。

2

店铺信息

大贯总店

地址：兵库县尼崎市神田中路3-29
☎ 06-6411-9583
营业时间：11:30—21:00
（最后点单时间）
每月第2、4周的星期二
11:30—20:00（最后点单时间）
休息日：星期三
（遇上节日营业，星期二或
星期四休息）

东京有乐町

● 那家名店

03 在时光变迁中屹立不倒的老店

谷拉面

拉面、炒饭、饺子的烹调都由店主一人包办。女性服务员在大堂忙碌着。

有乐町的故事，从一家自行车店开始

“有乐町高架桥下、丸三横丁路的尽头”。一说这个地址，或许就有食客会恍然大悟。它就是有着约50年历史的老店“谷拉面”。

作为这家店的第二代传人，谷吉和制作的拉面是传统的东京拉面。东京拉面汤底清亮、色泽金黄。除了拉面，辣味煎饺、颗粒分明的炒饭都是这家店的招牌。

1

2

1）有乐町往东京站方向的高架桥下，可以看到成片的小酒馆、小餐馆。一进去左手边就能看到“丸三横丁”这几个大字。
2）“谷拉面”的白色招牌颇为醒目，跟着招牌走就能找到店铺。

“正宗东京拉面的汤底色泽金黄”

谷吉和的一天从清晨开始，为了赶上11点的开店时间，他要提前准备好汤底、叉烧，进购干笋等食材。颇有人气的煎饺也是全手工制作，所以必须要早上6点起来准备。

这家拉面店是1967年开业的，但实际上在此之前它曾是一家自行车店。1946年，谷吉和的父亲谷广平退伍，次年便在有乐町盘下了一家小店，开始卖自行车。当时有乐町周围分布着朝日新闻、每日新闻、读卖新闻三家报社，里面的员工都是以自行车作为出行的主要交通工具，谷广平从中看到了商机。

1954年，店铺搬迁到了现在的位置。

它曾被称为东京政府的食堂，到饭点常常爆满

随着战后复兴，日本经济也开始迅速发展。由于汽车的普及，报社常用交通工具也从自行车变成了汽车。于是40多岁的谷广平也下决心转行开拉面店。他有一个当厨师的朋友，教会了他做拉面、煎饺、炒饭，就这样，“谷拉面”开张了。当时一碗拉面的价格是80日元。

与此同时，谷吉和从职校毕业之后进入摄影公司工作。他良好的待人接物能力就是这时候养成的。

“怀念的味道，给上班族带来味觉享受。”

1）附赠拉面汤的炒饭（690日元）。
2）暖心的店长，让人心安的美味，一家你来了就不想离开的店。
3）煎饺（630日元）。看上去毫不起眼的小煎饺，咬下一口瞬间被包在馅里的辣椒粉惊艳。

1

2

3

谷吉和做了8年的销售，之后因为家庭原因他接手了父亲的拉面店。

“当时店铺在星期六也营业，觉得多挣点钱也不错。”谷吉和回忆道。现在的东京国际会议中心所在地是东京政府的旧址，当时大约有3万人在这里上班。因为离政府机关很近，所以谷吉和把有乐町的高架桥下这一片餐饮店称为“政府食堂”。到了饭点，店里坐满了政府的工作人员以及来这里办事的人。高架桥下还有成片的麻将馆，下午5点下班后，许多上班族会去麻将馆打麻将，顺便点一份谷拉面的外卖。丸之内的上班族也是店里的常客。也正因为如此，1991年东京政府的搬迁对于“政府食堂”来说是一个前所未有的打击。3万多的常客突然间离开了，“荞麦面店、茶馆、麻将馆……都关门了。”谷吉和轻叹道。

4

5

4）人行天桥下的小路总给人一种怀旧的感觉。
5）拉面（630日元）用的是传统的中等粗细的面条，里面放了叉烧、干笋、裙带菜和葱花。叉烧是提前一天用酱油等卤汁腌过的。

让新老顾客都感到宾至如归的地方

政府的工作人员离开了，在丸之内工作的顾客光临的频率也越来越少。随着便利店的兴起，午餐时上班族更倾向于购买500日元的便当。写字楼的地下开起了餐饮店，雨天时上班族不再需要出来吃饭。虽然有乐町高架桥下是东京中心最好的地段，但是它也是受时代变迁影响最大的地方。

即使这样，谷吉和并没有灰心丧气。有一些老主顾调任到地方上工作十几年后又回到丸之内的总公司，他们抱着重温过去的想法再次成为店里的常客。一位已经退休的男性顾客带着自己的妻子来到这里，向妻子介绍道："我当初工作的时候常常来这里吃午饭。"

"我们相互打招呼，能够再次见面真的很高兴。"谷吉和笑着说。不光如此，一些新顾客从美食点评网等网站知道了"谷拉面"后前来品尝，谷吉和也会热情地接待他们。

"谷拉面"经历了昭和时代（1926—1989年），迎来了平成时代（1989—2019年）。来到这里的食客绝不仅仅是为了怀旧，他们都是被店铺那长盛不衰的活力吸引而来的。

"从备菜到烹饪，每一个细节都尽心尽力。"

1）店铺位于高架桥下，能感受到高架桥上最细微的震动。白天的时候，吧台还有店里的桌椅摆放得都比较拥挤。拉面的价格随着物价变动而改变，所以菜单上的价格改了很多次。

2）午餐高峰期如果店里坐不下了，小隔间也会开放。

1

2

店铺信息

谷拉面

地址：东京都千代田区
丸之内3-7-11
☎ 03-5223-2223
营业时间：11:00—14:00、
17:00—20:30（售罄即止）
休息日：星期六、星期天、节日
※现在丸三横丁无法通行。
2016年6月，店铺搬到了原址
前几米处的高架桥下。

东 京 浅 草

● 那家名店

04 那份温和融入街边的风景 古朴而美好的浅草柳面物语

东

拉面的烹饪过程很快，但是店主没有遗漏任何细节。调味时他弃茶匙不用，而是依靠手来精确控制盐的使用量，以此来保证拉面的味道。"我去过香港等地方旅游。当地的食物我一吃便大体能知道这道菜的原材料和调味料。"

1

2

1）清澈的汤底是每天早上8点开始用小火慢炖出来的。似乎在和东京的浓厚拉面文化较劲。

2）拉面（650日元）。清爽的拉面汤底可以一口气喝光，颇受老年顾客的喜爱。招牌“DX（豪华）拉面”（800日元），豪华之处隐藏在汤底中。

3）泛黄的手写菜单很有复古的感觉。人气很高的馄饨是在接单后现包的。

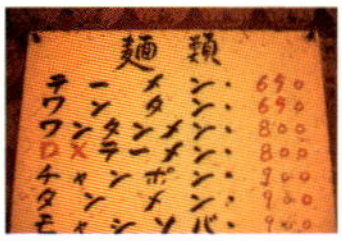

3

“像柳条一样，柔软又迷人的一碗。”

它就像昭和时代给人的感觉一样，是一家很有味道的店

走过人声鼎沸的浅草门路，在拱廊商业街里有一家叫作“东”的店铺，从昭和三十八年（1963年）开始营业到现在。

现任店主山田诚的父亲创立了这家店，起初店铺卖的是甜点。山田诚从学生时期起就在店里帮忙，24岁的时候正式接手了这家店。

“我爸和我说按照我自己的想法来就行了。做甜点太辛苦了（笑）。”

昭和四十八年（1973年），山田诚将店铺改成了拉面店。当时札幌拉面刚刚传到东京，山田便开始尝试制作札幌拉面，两年后他终于成功了。

“来，您点的菜，久等了吧。”

碗里漂浮着葱、豆芽、叉烧。汤底是用猪骨、鸡骨加上一点调味蔬菜熬成的，调味汁就是普通的浓口酱油。“像柳条一样细”的柳面口感顺滑，味道清淡。与传统的东京拉面不同，柳面更为含蓄安静。

每份小食都是精心烹制的珍品

“以前这条街上有东映株式会社、日活株式会社、松竹株式会社和宝塚的电影院，整条街人头攒动，热闹非凡。每晚电影散场后就是做生意最好的时间。”据说有很多老主顾就是从那时起开始光临店铺的。我边吃着拉面边和店主谈论着从前的盛况，此时一位顾客进店后熟练地从冰箱里拿出了啤酒，山田诚帮他打开了瓶盖。

“纯鸡肝盖饭对吧？”两人配合得如此默契。这家店的手巾、酒水都是由客人自己拿取。

山田诚把生鸡肝放入中式炒锅中，倒入大量的油，这个动作特别像做法餐时浇调味汁的动作。油倒入后加调味料轻轻翻炒出锅，盖在热腾腾的米

1

饭上，再撒上满满的葱花。整套动作一气呵成，仅仅花了3分钟。看着熟练地颠着大锅的山田诚，你很难把他和年过古稀的老人联系在一起，这就是真正的匠人。

“很多顾客说他们接受不了肝脏，但是这道菜他们却觉得很不错。”

2

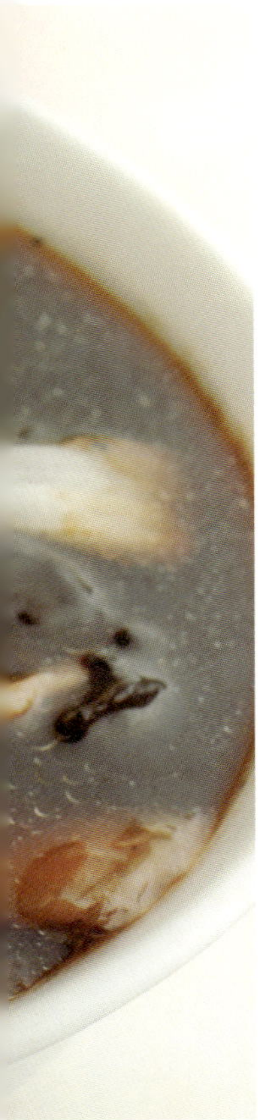

1）许多顾客来店只为品尝“什锦荞麦面”（1100日元）。荞麦面的配菜种类丰富，汤底的调味酱汁是开业以来的叉烧老卤。
2）吧台后面装饰有镜子，顾客通过镜子可以注意到自己是否落下了个人物品。
3）“爆炒纯鸡肝”（1000日元）这道菜和它的名字一样，只有鸡肝这一种肉类食材。连接受不了肝脏的顾客也赞不绝口。外表香脆、中间柔软的鸡肝让人拍案叫绝。
4）以卷心菜、大白菜、韭菜、葱、大蒜等馅料做成的“特制饺子”（450日元）和店里自制的辣椒油是绝配。啤酒只有瓶装的。颗粒分明的炒饭（750日元）也很受欢迎。许多住在附近的老主顾会来店打包一份带回家吃。

3

4

“跨越时代，融入当地生活的美味。”

1

1）店里的展示柜摆着现在很难见到的食物样品，充满了浓浓的怀旧气氛。
2）结账时使用的是算盘。“现在算盘越来越难买到了。”店主笑着说道。
3）这个招牌就是店里的标志。现在这条路上只有两家店有这种招牌，据说从前街上还有寿司店，十分热闹。
4）店里弥漫着浓浓的复古气息，汇集了半个世纪的历史。名为“那个”（1300日元）的是店里的隐藏菜品，请一定要尝尝。肖像画是店里的客人画的。

融入浅草的日常生活中，屹立不倒的拉面店

店铺十分热闹。因为是拥有半个多世纪历史的老店，顾客范围遍布各个年龄层。有几名拿着智能手机初次光临的学生，也有一进店就回应店主“欢迎光临，老样子来碗馄饨面？”的招呼并点头的常客，还有严肃地站着、一边拿着啤酒一边看着手中的文库本（小型平装书）的黑发美女，以及用食物犒劳自己接下来还要在黑夜中继续工作的年轻人力车车夫（浅草寺特有）。

在这里可以窥见浅草普通人的日常生活，感觉就像在看小津安二郎（日本导演，其作品全部取材于普通家庭的日常生活）的电影一样。

山田诚在工作的间隙会一边和购物回来的太太说着话，一般提醒着离

2

3

4

“因为顾客说了好吃，所以……”

店铺信息

东

地址：东京都东台区浅草1-13-4
☎ 03-3841-2566
营业时间：16:30—24:00、
星期天、节日17:00—23:30
休息日：星期三、星期四

开的顾客：“没有落下东西吧？”同时他还和店外路过的朋友招着手。

“你问店铺能够经营这么久的原因？我只能想到每一天的辛勤付出……也可能是因为和客人聊天很开心吧。所以店里没有单独的桌子，只有吧台。”

山田诚拿着算盘，满脸笑容，这是留给我印象最深的画面。

东京学艺大学

● 那家名店

05 清淡而丰满❤ 隐藏其中的“人情味”

Oppai拉面
拉面酒吧、小吃店、居酒屋

“这家店是我在情感受挫之后开的。我希望大家想要找人倾诉时能够想到‘去贵子的店里坐坐吧’，开一家顾客任何时候都能光临的店是我的梦想。这就是我的店最大的特色。所以店里打烊的时间和我的体力有关，累了就休息（笑）。”新顾客的回头率在九成以上。

酒和感情陪伴她走过的那些年，感性的半辈子

“贵子的人生中一直都有酒的陪伴，除了酒大概就只剩下拉面了。”

这家拉面店是拉面文化中的另类，但许多美食评论家却对其赞不绝口。掌勺的是专业的美女厨师，店里的许多菜品在别处都吃不到。

店主，不，应该说是店里的领导，早川贵子曾在高级会员制俱乐部工作，也做过写真艺人。在30岁之前她退出了俱乐部，也不再拍摄写真集，正当她准备结婚的时候，对方却提出了分手。

原本计划好的未来发生了变化，她开起了酒吧，酒吧菜品一应俱全，还销售拉面。开店的理由前面已经提过了。

“我的朋友给我介绍了京都一家老牌制面厂，我自己也做了各种各样的研究。所以这碗拉面承载着各种人情。来，久等了，您的拉面！”

前面的吧台上摆着一碗从未见过的拉面。

1

2

“霓虹灯下的拉面”

3

1）从京都的老牌“面屋棣鄂”订购的拉面，分为细、中等粗、粗、宽面和贵子特制5种。控干面条的方式令人瞩目。

2）“清淡爽口的咸味酱油拉面”（普通分量650日元，右图为大份900日元）上面撒满了葱和石莼、薯蓣昆布（将一叠昆布从垂直于叶片的方向层层削制而成的细丝）。这是由早川贵子一人经营的拉面酒吧，特别忙碌的时候她习惯在手边放上一杯酒，但有时忙起来酒也顾不上喝。

3）汤底中加入了浓口酱油和伯方的盐以及自家熬的蒜油调味。

深厚的实力与不造作的性格，有识之士对其赞不绝口

葱花浮在汤面上，请撇开葱花舀一勺汤品尝。鲣鱼和昆布的淡淡咸鲜以及酱油带来的些许厚重感瞬间传到了身体的各个角落。虽然贵子实力不俗，但是店铺的经营也不是一帆风顺的。

“许多人说我看上去就是一个对拉面过敏的花哨女人，很多人都戴着有色眼镜看我。”

体育运动社团强调“对前辈的话绝对服从”，贵子在其中摸爬滚打了多年，因此形成了现在的性格。不管是东京还是其他地区，只要一有活动，贵子一定赶到，朋友店铺的周年庆她也帮忙邀请客人，活跃气氛。

在人际交往中，贵子并不会使用交际手段或者说一些客套话，她的人格魅力就是她的交际方式。渐渐地，她

“贵子不会差别对待任何人，是一个单纯的女人。”

1

2

1）改变拉面味道的调味品：柚子胡椒、酸橙、淋上自制的鲣鱼油的茼蒿天妇罗。

2）“本日的绿咖喱”（900日元）。配菜每天都不一样，照片中的配菜有鸡翅尖、茄子、鹰嘴豆。其他的各式下酒菜价格在300日元起。受食材货源影响，菜品存在缺货的可能，可以到店时咨询贵子。

的拉面店受到了拉面行业人士的喜爱。“许多店主都是我的亲朋好友！”仔细一问东京许多有名的店铺店主都是她的朋友。这种关系简单而纯粹，让人感觉到同行之间的惺惺相惜。

“要不要来份拉面？”虽然是第一次见到贵子，但是她的热情好客让人能够很快跟她熟络起来，这大概就是典型的关西女子吧，我一边想着一边又喝起来了。

4

5

3

3）“香菜西红柿”（500日元）。因为贵子一直很喜欢香菜，所以店里有关香菜的菜品很多。

4）粉色的小件物品无序地摆放着，整体看上去感觉不错。

5）外地人很难买到的当地祭祀活动所穿的半缠（日本男性和服褂子），贵子不但请人做了半缠还印上了店名，真不愧是扎根于当地的领导者。贵子要是喝醉了就直接倒头睡在店里。

6）老主顾们翘首以盼的手工煎饺（580日元），目前已不再售卖，敬请期待它的回归吧。

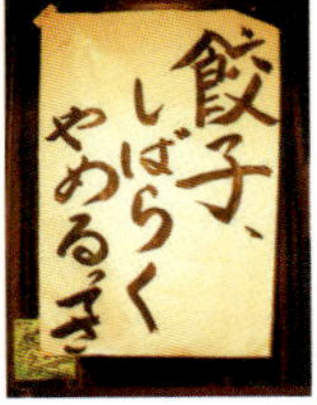

6

1

2

“充满着爱，让人痴迷的笑容。成年人的美妙下班时光。”

即使是初次见面的陌生人，一起笑着喝酒就是最愉快的事

我和贵子聊了会儿天，店里的常客多了起来，气氛也热闹了起来。我向身边的顾客询问推荐的酒水，他告诉我说：“现在喜欢喝Cocalero（开口乐，产自爱尔兰的一种酒）和苦艾酒的‘XX特别版’！那是我们岸和田市的酒，味道很好的。”听了他的话，店内顾客都笑了起来。

“话说回来，贵子的下酒菜真的很不错，贵子的厨艺可以和国宴级大师媲美啦！”说这话的是来自芦屋市的一位中年女性。有一位来自青森的大爷

3

4

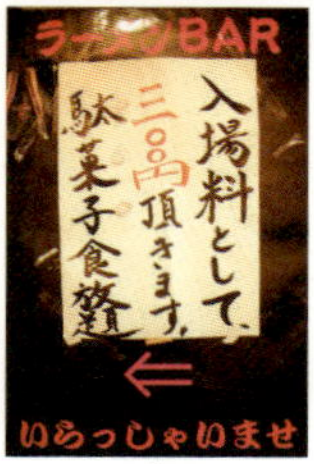

5

1）店里提供包括啤酒、烧酒、威士忌、葡萄酒等在内的100多种酒，但是不提供日本酒和甜酒。
2）常客对待新客的态度就是店铺好坏的证明。
3）除了拉面行业的人，附近的居民、上班族，还有孤身一人的女性都常常光临，店里的顾客年龄、职业各不相同。
4）店铺位于学艺大学站东口的商业街里。据说很多人都在街上看到过贵子穿着围裙赶往蔬菜店的身影。
5）进店消费300日元即可以享受自助杂粮点心。贵子流畅的字也颇为醒目。

马上接道："是啊，就是稍逊于学艺大学的一流厨师啊。"还有顾客给我讲了店里天花板坏了，贵子在烛光中营业的故事……

等我回过神来才发现自己忘了采访，反倒和大家笑着喝了好几杯酒。

"贵子她啊，从来不会差别对待别人，不管是新顾客、老顾客还是名人，她都一视同仁。所以大家才会喜欢她，附近的人也不会戴着有色眼镜看她。"

这家拉面店最重要的高汤就是"人情味"。我感受着店里的人情味，品尝着酒和拉面。这家独一无二的拉面店，我甚至找不出任何理由不为之着迷。

店铺信息

Oppai 拉面
拉面酒吧、小吃店、居酒屋

地址：东京都目黑区鹰番
2-15-10远藤大厦201号
☎ 080-2090-1919
营业时间：19:00—筋疲力尽为止
休息日：不确定

※本店不接受单点拉面，来店前请电话确认是否营业。

第三章

流传在日本各地的拉面故事

案例 1
北海道

案例 2
大阪

案例 3
九州

拉面文化不仅兴盛于东京，日本各地的拉面从业者以及拉面爱好者也在支持着各地区的拉面。从传统拉面到新式拉面，我们将以北海道、大阪、九州三个地区为中心，展开一段拉面之旅。

放松紧绷的神经
第一时间想到
那碗让人怀念的味道

案例 1

北海道

〔 味噌 〕×〔 酱油 〕×〔 盐 〕

北海道三大拉面

札幌、旭川、函馆，同一地区3种拉面迥然不同，实属罕见。
让我们走进物产丰富的北海道，去领略它的拉面文化吧！

将有益于身体的味噌加入拉面中，这是北海道拉面文化的起点

大正时代（1912—1926年），北海道大学前有一家名叫“竹家食堂”的餐饮店，店里的中国厨师创制了一道面食，据说这就是札幌拉面的源头。还有一种说法是日语“ラーメン”（即拉面）一词就是在这家店诞生的。

二战后，“味之三平”的店主突发奇想，“希望将有益于身体的味噌加进拉面里，为了提升一碗拉面的营养价值，把炒好的蔬菜也加进拉面里”。由此新的拉面种类——“味噌拉面”诞生了。因为北海道气候寒冷，厨师又在拉面中加入了猪油，猪油浮在汤面上可减缓拉面的冷却速度。随着拉面的不断变化，札幌拉面逐渐形成了“味噌味道浓厚”“用中式炒锅翻炒蔬菜”以及“中等粗的卷面”等特点。

第095页照片中的拉面来自常年占据拉面排行榜榜首，也是札幌拉面第一名，同时在北海道拉面第一名候选中呼声最高的一家店——“彩未”。在寒冷的冬天，想要从内到外都暖和起来，它便是你最好的选择。

寒冷的气候孕育出
满满味噌香气的完美拉面

味噌

从上到下依次为：札幌电视塔、札幌市钟楼、北海道厅旧本厅舍。作为北方重镇的札幌是一座充满鲜花与绿植的城市。

故事

〔↓〕

札幌与**味噌拉面**有关的四个故事

1 许多名店进行了创新值得关注

说到札幌拉面就会想到味噌？实际上富于变化也是札幌拉面的特点之一。几乎所有的店铺都提供酱油拉面和咸味拉面，同时许多店铺也推出了蘸面、担担面、咖喱汤底等新品种。

右上是札幌最受欢迎的20家店铺参与的拉面集会的图章。"彩未"店里也有销售，一袋200日元。

2 清亮的猪骨汤底是主流

大部分札幌拉面的汤底是猪骨，不过并不是浑浊的奶白汤，而是淡黄透明的"清汤"，清汤便于消化。现在许多店铺选择将鸡骨和猪骨搭配在一起熬汤。

"彩未"的汤底食材主要是猪骨，小火炖煮5小时以上，煮出食材的鲜味。

3 满满的蔬菜满满的健康&满足感

拉面的配菜不仅有叉烧或笋干！还有豆芽、肉糜，一些店铺还会事先将卷心菜、洋葱等放入中式炒锅中，再加入大蒜、猪油等一同翻炒，出锅后放入汤底中。这是札幌的做法。

物产丰富的北海道，许多店铺对食材十分讲究。"彩未"所使用的食材几乎也都是产自北海道。

4 中等粗的鸡蛋卷面

为了和味道浓郁的味噌搭配，大部分店铺都选择使用水分含量高且有嚼劲的粗面条。除少数店铺是自制面条，其余大部分是从制面厂进货。新店开业时制面厂要送暖帘，这也是札幌的习俗。

"彩未"使用的面条是中等粗卷面，生产商是当地创立于1950年的"森住制面"。

推荐

爱上
辛辣度适中的
豆瓣酱！

"味噌拉面"因其温和的味噌高汤和生姜，所以味道柔和。而"辛味噌拉面"（800日元）加入了豆瓣酱和韩国辣酱，它的辛辣和厚重感一定会给你留下深刻的印象！

店主
奥雅彦

店铺信息

面屋 彩未

地址：北海道札幌市丰平区美园10条5-3-12
☎011-820-6511
营业时间：
11:00—15:15（最后点单时间）、
17:00—19:30（最后点单时间）
休息日：星期一，除此以外每月两次不定时休息

适合气候严寒的地区
连蒸汽都鲜美无比的酱油与生姜的组合

酱油

清淡的酱油中加入生姜潘趣酒，让人上瘾

旭川，排在札幌之后的北海道第二大城市，由于地处内陆，其冬天异常寒冷，一月的平均气温为零下7.5摄氏度。

旭川的发展和军队曾经在此驻扎有关。旭川作为北海道北部的物流据点，许多人员、物资来往频繁，二战前札幌拉面的起源“竹屋食堂”也在这里开设了分店。

旭川拉面的鼻祖是昭和二十二年（1947年）开业的“蜂屋”和“青叶”，主流汤底是酱油味。旭川虽地处内陆，但得益于物流的发达，许多店铺使用猪骨、鸡骨和与鱼介类高汤作为汤底食材，这也是旭川拉面的特点之一。由于气候寒冷，大多数拉面汤底中都会加入猪油以此减缓拉面的冷却速度。和札幌拉面一样，旭川的许多拉面店也勇于创新，所以种类繁多是其另一大特点。拉面名店“Miduno”受到许多名人的喜爱，该店不使用鱼介类食材。加入了生姜的酱油拉面是该店最受欢迎的菜品。第098页的照片就是“叉烧生姜拉面”（900日元）。叉烧的分量很足，可以品尝到肉的鲜美。

上）地处大雪山之中，拥有众多河流的旭川被誉为“河流和桥的城市”。
右）旭山动物园、雪之美术馆等郊外景点也很多。

〔↓〕

旭川与 酱油拉面 有关的四个故事

1 没有当年的基础建设就没有旭川拉面

旭川很早就开始了基础设施建设，建设大桥、发电站，发展酒厂、酱油酿造产业等。这给旭川拉面的发展带来了巨大影响。

常盘一带有两个著名景点——旭桥和常盘公园，它们都属于“旭川八景”。在旭川常盘一带算是极富传统气息和充满人情味的地区了。

2 清冽的水源和简单的配菜是旭川拉面取胜的关键

旭川拉面的主流汤底是猪骨和鱼介混合熬成的双重汤底，这已经有50多年的历史了。旭川的水源十分干净，据说旭川的自来水都很甘冽。好的水源自然能做出好的汤底。拉面的配菜简单而传统。

不使用鱼介高汤。猪骨用小火慢炖，熬出味道柔和、色泽清亮的汤底。

推荐

柔和的酱油味
是其特色

“Miduno”会将笋干切碎，便于顾客食用，从这种细节上你能感受到店家的细心周到。你一定会对这份传统的味道念念不忘。请一定尝尝朴素的“酱油拉面”(530日元)!

店主
水野龙司

故事

3 芳香的“酱油味”是旭川拉面的主流

虽然酱油是旭川拉面的基础，但是和札幌一样，旭川几乎所有的拉面店都有酱油、味噌、盐3种调味品可供选择。“Miduno”的酱油调味汁是从上一代店主传下来的。生姜拉面是在酱油调味汁中加入土佐（位于高知县中部）产的生姜，辣中带甜的生姜和酱油的搭配让人欲罢不能，受到了许多顾客喜爱。

生姜没有喧宾夺主，完全没有影响到酱油汤底的甜味。二者配合得天衣无缝，才有了这份完美的汤底。

4 含水量低的白色面条是主流

旭川拉面通常使用的面条是不加鸡蛋的中等细面，颜色发白。“面条的含水量低，可以更好地吸收汤汁”“卷面能包裹住更多汤汁”，许多店铺的面条都融合了二者的长处，使顾客能够享受汤与面融合的乐趣。当然也有很多店别出心裁。“Miduno”用的就是直面条。

“Miduno”的面条虽是直面，但也能够裹住汤汁。这是从旭川一家名叫“加藤拉面”的老字号制面厂特别定制的。

店铺信息

生姜拉面
Miduno

地址：北海道旭川市常盘路2丁目（旭川商工会议所旁）
☎0166-22-5637
营业时间：10:30—15:00、17:00—19:00
星期天11:00—17:00
休息日：不定时休息（1月1日—4日休息）

细微的火力控制
清亮的咸味汤底

盐

函馆
拉面

在这个充满异域风情的港口城市，盐拉面已经成为当地的特色料理

明治时代建造的小洋楼分布在函馆的各处，整个城市充满着异国风情。函馆在戊辰战争（1868—1869年）时期也是主战场之一。因为昆布、瑶柱等贸易往来，许多中国人或者华侨来到这里定居，所以函馆很早就出现了中餐。1884年，一家名叫“养和轩”的西餐店在函馆新闻上刊登过这样一则广告：“南京荞麦面15钱”，这也是日本第一次刊登与中华面相关的文字（但是中华面与现在日本拉面之间的联系暂不清楚）。

函馆拉面最显著的特征就是清亮的汤底。第102页的照片是JR函馆站前那家挂着红色暖帘的名店，店铺叫“信浓”，在当地很受欢迎。拉面汤十分清亮，可以看见碗底。店里人气最高的菜品是“函馆盐拉面”（700日元），配菜非常丰盛，搭配得赏心悦目。盐拉面是函馆的主流拉面，在函馆的拉面店如果点份“拉面”通常都是“盐拉面”。北洋渔业从前在函馆十分兴盛，或许是为了吸引渔民光顾，拉面店用的是短时间内可以煮熟的细面条，配菜也十分简单、固定，价格相对便宜也是函馆拉面的特征之一。

从函馆山可以一览美丽的夜景，充满港口风情的街道也是人气观光地，吸引着日本国内外的众多游客。

【↓】

函馆与盐拉面有关的四个故事

1 日本最古老的拉面在函馆？

日本出版物中第一次出现“南京荞麦面”是在1884年的函馆新闻上。26年之后，东京才有店铺开始售卖“中式荞麦面”。2009年恰逢函馆开放港口150周年，市内的拉面店合作开展了“南京荞麦面再现项目”。

日本较早时期的炉子、水泥电线杆、银版照片等，函馆有许多日本较早时期的物件。

2 配菜通常简单且固定

函馆拉面的配菜通常是笋干、叉烧、葱等，形式较为固定且搭配简单，与札幌拉面相比，配菜的量较少。但是像“信浓”那样盛满丰富多彩的配菜的拉面也很受欢迎！

函馆拉面一般会撒上干燥的麦麸。麦麸充分吸收了汤汁，味道和口感都很特别。

推荐

有着新干线色彩的独特拉面

为庆祝2016年3月开始运行的北海道新干线，“抹茶盐拉面”（750日元）问世。拉面中融入了北海道新干线的颜色：绿色、白色、紫色，配菜有抹茶冻、虾饼、乌贼。

店主
鸣海隼人

3 黄色的细直面

细腻清澈的汤底和直面的搭配是主流，中国的面食对其影响很大，可以说函馆拉面完全继承了中国面食的风格。面条很细，短时间内就能煮熟，这是它的一大特点。因为面条中加入了鸡蛋，所以颜色偏黄。

“信浓”的面含水量较低。建议您在品尝时先放置几分钟让面条吸收部分汤汁，这样可以更好地享受两者融合的味道。

4 透明的细腻汤底

函馆虽是港口城市，但是拉面汤底大都是猪骨汤。小火慢炖是保持汤底透明的诀窍，为了维持细腻的口感，店铺极少使用香味浓郁的海产品。许多店铺用鸡油代替猪油，以此增加汤底的层次。

清亮的汤底。“信浓”使用的是自家的洋葱、猪油，洋葱的甘甜丰富了汤底的味道。

店铺信息

函馆盐拉面
信浓

地址：北海道函馆市若松町20-10
☎0138-22-5552
营业时间：11:30—14:30、
17:00—第二天0:30（最后点单时间为24:00）
休息日：星期天（如果星期一是节日则星期天营业，下个星期一休息，如果节日在星期一至星期六，则星期天营业）

案例 2

大阪

不逊于小麦美食文化！

大阪的拉面文化

说起大阪美食，大家通常会想到章鱼小丸子、大阪烧等，
其实拉面也是大阪美食中不可缺少的一部分。

记忆深处那浓厚的鸡白汤美味

拉面人生JET

文化 1

经过不断改良，大阪美食家也吃不厌的美味

这家店的名字你听过一次就绝不会忘记。店主山本孝弘曾在高槻（大阪府北部的城市）的拉面名店“Kinsei”工作了许多年，现在他自己的拉面店也在食都大阪有了很高的知名度。

“拉面人生JET”于2009年开张，店里售卖的鸡白汤拉面对于当时的大阪民众来说是新鲜事物。鸡骨和鸡腿骨炖煮10小时，整个过程需专人寸步不离地看守，最后加入由3种酱油制成的混合调味汁，浓厚的汤底就完成了。汤底和口感顺滑的自制面条十分搭配，吃上一口便停不下来。

即使是工作日，店铺门口也是大排长龙。但是店主并没有满足于此，而是用更加认真的态度“继续研究并不断改良拉面”。店里不断推出各种新品，比如和鸡白汤拉面完全相反的清汤拉面、限定供应时间的蘸面等，这些都是大阪人“记忆深处的味道”。

上）汤底的熬制需要人寸步不离地看守。正是因为精心熬制，才有了细腻而纯粹的味道。
左）浓厚的汤汁搭配上直面条，口感爽滑。

店铺信息

拉面人生 JET

地址：大阪府大阪市福岛区福岛7-12-2
☎ 06-6345-7855
营业时间：11:00—15:00、18:00—23:30
休息日：无

详情

老板
山本孝弘

【→】

自制的 面 要饧上一天以上

【↓】

使用了大量 黑萨摩鸡（产自鹿儿岛的一种鸡）的豪华拉面

【↑】

浓厚的 鸡白汤 拉面

右上）自家工厂制作的面条，使用的原材料是北海道产的中筋面粉。充分饧发过后的面条口感十分筋道。

右下）使用了大量黑萨摩鸡的“整鸡酱油荞麦面”（880日元），味道鲜美细腻，只在双休日售卖。

正左）店里的招牌菜品、“炖鸡荞麦面”（780日元）。配菜有叉烧、鸭儿芹、葱白、笋干、鱼板，鸭儿芹的味道十分爽口。

话题

拉面店的数量
在日本
是倒数，但……

让人惊讶的是大阪府拉面店的数量并不多。但是从拉面的创意来看，或许可以排在日本最前列。这大概就是食都的过人之处吧。

文化

2

大阪新招牌——风靡一时的改良浓口酱油

金久右卫门

总店

关西浓口酱油的代表，深黑色的一碗

“大阪黑拉面”是清淡派拉面，在大阪有着广阔的市场，但是“金久右卫门”却反其道行之，推出了有着浓浓酱油香气的全黑拉面。全黑拉面看上去口味偏重，但尝上一口你会发现味道很柔和，而且回味清爽。这是店家自制的酱油，有着独特的醇厚与芳香。酱油经过高压锅炖煮之后，浓烈的味道消失了，而风味却被激发了出来。炖煮过后的酱油与鸡油、虾油、鸡腿骨熬成的高汤混合，拉面汤底便制成了。粗宽面可以更好地吸收汤汁，增加汤底的鲜味和面的甜味。拉面回味清爽，让人欲罢不能。

店铺信息

金久右卫门 总店

地址：大阪府大阪市东成区深江北3-2-8

☎06-6975-8018

营业时间：11:00—15:00、星期六11:00—16:00

休息日：星期天（遇上节日则营业）

详情

店长
加藤大辅

〔→〕

面条有两种可选

〔←〕

自家的浓口酱油让人惊艳的口感与香气！

〔↑〕

颠覆关西传统的大阪黑拉面！

右上）推荐您品尝黑拉面时选择粗宽面条。当然也可以选择左边的细面条。

右下）酱油是店家与岛根县的增酿造元松岛屋共同研发的浓口酱油。颜色和味道都很浓厚的薄盐酱油，拥有独特的芳香与复杂又清爽的鲜味，可以单独购买。

正左）“大阪黑拉面”（720日元）。浓口酱油的高汤与清汤混合，笋干和叉烧的存在感也很强。

左）“金酱油拉面”（670日元），薄口酱油汤底与细面的组合，味道清淡。

右）叉烧放入酱油卤汁中用高压锅炖煮，软烂多汁。

文化

3

Q弹又爽滑的极品面条！

中华荞麦门屋食堂

总店

严选食材与精心准备，让人上瘾的极品汤底

中华荞麦门屋食堂的总店在大阪的新町，鹤见还开有一家分店。它在关西拉面行业宛若“大神”般存在，作为一家高人气拉面店，它受到了许多拉面爱好者的支持。黑萨摩鸡和淡海地鸡制成的高汤与脂眼鲱鱼干、天然罗臼昆布等鱼介食材熬成的高汤混合，完美地融合了二者的鲜味。面条是店里自制的爽滑粗宽面。熬汤的鱼干事先去除了内脏并充分浸泡，汤底的调味汁是由两种酱油混合而成的，食材的选择与处理耗费了大量的人力物力，将工匠之心体现得淋漓尽致。

店铺信息

中华荞麦门屋食堂 总店

地址：大阪府大阪市西区
新町4-16-13 103
☎ 06-6535-3633
营业时间：11:00—15:00、
18:00—22:30
休息日：星期二（如遇节日则顺延一天）

详情

店长
奥村元气

【→】
叉烧的食材是 鹿儿岛纯粹黑猪

【↓】
使用了 北海道小麦粉 的自制面条

【↑】
爽滑的口感 让人着迷

右上）充分炖煮的黑猪肉与大蒜的完美融合，甜辣味的酱油调味汁与粗宽面组合而成的“黑猪鲜味荞麦面”，请务必要尝一尝。

右下）自制面条使用了芳香且略带甜味的北海道小麦粉。爽滑的口感是其特点，秘诀在于煮过之后控干水分。

正左）“中华荞麦面”（850日元）。双重汤底饱含了鸡油的风味，创意十足。

汤底中加入了金黄色的鸡油。浮着一层薄薄油脂的鸡汤香味十足，吃上一口面，你一定能感受到那种极致的美味。

文化

4

汇聚了鱼介类食材和禽畜类食材的鲜美浓郁，芳香四溢！

彩色拉面Kinsei

高槻站前总店

超强总店制作的绝佳浓厚汤底

“彩色拉面Kinsei”集团的总店位于北摄地区。鸡骨汤盐拉面是该拉面集团的招牌，但各家分店的招牌拉面却并不相同。高槻站前总店最受欢迎的拉面是有着浓厚汤底的“合味”。将猪大骨和鸡爪一起炖煮3小时才能熬出食材的鲜味。然后初步过滤出浓稠的汤汁，与秋刀鱼、竹荚鱼、昆布、脂眼鲱鱼等熬制的鱼介高汤混合。混合的汤底保留了食材的鲜味，因为使用了熏制的鱼介类食材，汤底也有浓厚的熏制风味，让人欲罢不能。因为店里有许多限定供应时间的拉面，在去之前需要提前咨询店家。

店铺信息

彩色拉面 Kinsei
高槻站前总店

地址：大阪府高槻市北园町18-1
Kooken大厦1层103号
☎072-682-8956
营业时间：11:30—23:30（最后点单时间）
休息日：无

详情

店长
福井幸将

〔→〕

制面的小麦粉是按一定比例混合而成的

〔↓〕

浓厚汤底的蘸面
也很美味

〔↑〕

鸡、猪、鱼介的鲜味与风味！

右上）自制面条是中等细的18号面条。有小麦的香气，回味甘甜。
右下）“浓厚鸡猪骨蘸面”（1.5个鸡蛋830日元）。制面时尽量控制碱水的用量，不加入鸡蛋，搭配上鸡爪和猪大骨熬成的浓厚汤汁。
正左）同时包含鸡与猪的鲜味以及鱼介的风味，浓厚的汤底与香气十足的自制面条十分搭配。店里的招牌面条是“合味”（800日元）。

用高压锅将鸡爪与猪骨炖煮之后，稍稍过滤并保留脂肪，汤汁留有沙沙的口感。

案例 3

九州

浓厚

飞向浓厚的世界！

九州让人上瘾的猪骨拉面

以猪骨为主要食材，浓厚的猪骨拉面。
博多拉面是其代表，核心却各有不同！

来源于失败的美食，乳白汤底诞生的故事

现在猪骨拉面在世界范围内受到了广泛欢迎。它来自“久留米的两家店铺，”高松介绍道。第一份猪骨拉面诞生于昭和十二年（1937年）久留米一家叫作“南京千两”的街边小吃摊。当时的猪骨拉面还是清汤汤底，我们要详细介绍的奶白汤底诞生于10年后。一家名叫“三九”的街边小吃摊，创立于昭和二十二年（1947年），与“南京千两”有着密切的关系。“店主杉野在熬汤的时候出门买东西，回来发现汤煮过头了变成了奶白色。”

就是这份煮过头的汤底受到了大家的好评，随后奶白汤底便传到了九州各地。谁能想到风靡世界的猪骨拉面竟然来自一次“失败”的经历呢？

久留米的人气店铺“清阳轩”的“屋台风拉面”（580日元）是久留米拉面的王者。日本产的猪头骨加水炖煮整整3天，味道纯粹厚重。

想品尝九州猪骨拉面
听我的准没错！

高松武司

餐饮店策划人。在他和朋友的策划下，久留米已经关店的“清阳轩”于2009年重新营业。拥有数家人气店铺的“久留米拉面街”就是他的创意，他致力于向世界介绍久留米拉面的魅力。

各具特色、魅力无限

九州猪骨拉面的大致分布图

虽然都是“九州猪骨拉面”，各地的拉面文化却不尽相同。
一起来看看各地的区别吧。

图片：加藤史人

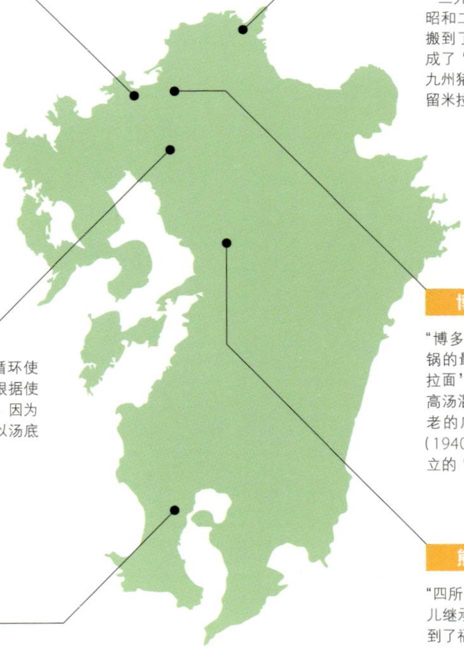

长滨

昭和三十年（1955年），博多的市场搬迁到了长滨地区。“因为市场的工作很繁忙，为了迎合市场工作人员的需求而使用极细面条。同时根据顾客的要求，‘元祖长滨屋’推出了‘续面服务’。这就是‘长滨拉面’的由来。”

北九州

“‘三九’的创始人杉野在昭和二十六年（1951年）搬到了小仓，他将店名改成了‘来来轩’，这就是北九州猪骨拉面的源头。久留米拉面对它影响很大。”

久留米

“最经典的做法是‘老汤循环使用’，即猪头骨加水炖煮，根据使用的量每天加入新的汤底。因为没有加入脂肪和猪油，所以汤底味道厚重但不油腻。”

博多

“博多的传统是在鸡肉汆锅的最后加入面。‘博多拉面’最早是鸡汤与猪骨高汤混合而成的清汤，最老的店铺是昭和十五年（1940年）左右在中洲创立的‘三马路’。”

熊本

“四所日出光从‘三九’那儿继承了小吃车，然后搬到了福冈旁边的熊本县玉名市。许多年轻人光顾四所日出光的拉面店后纷纷创立了自己的拉面店，比如‘小紫’等。”

鹿儿岛

“它是九州唯一没有受到久留米影响的地区。”鹿儿岛拉面文化有别于九州其他地区，虽然也是猪骨汤底，但各家店铺的食材不同，会加入鸡骨、蔬菜、昆布、杂鱼干等，面条是中等粗，尽量减少碱水的用量。

店铺信息

清阳轩 诹访野町总店

地址：福冈县久留米市诹访野町1798-5

☎ 0942-32-9736

营业时间：11:00—22:00

休息日：每月第三个星期二

推荐

不做任何妥协的久留米拉面

昭和二十七年（1952年），据说创始人香月浩在街边小吃摊开始了自己的拉面事业。第二任店主一木公浩在继承店铺之后，一直坚持猪头骨加水炖煮三日的传统，这就是我们现在看到的“浓厚而纯粹”的汤底。

缺一不可！

盘点猪骨拉面的三要素！

猪骨拉面的三要素是面、汤底、配菜。
通过本节内容，您可以了解拉面的基本形式。

图片：加藤史人

要素 1

面

虽然都是九州猪骨拉面，但是就面的粗细程度而言，各地区以及各家店铺也存在差别。
让我们来看看面的粗细以及软硬的差别吧。

博多、长滨等地一般使用极细面条，没有续面传统的久留米使用的是中细面条。"从博多到久留米、熊本、鹿儿岛，越往南面条越粗。"

比较面条的硬度

柔软

"面条吸满了汤汁，汤与面融为一体。久留米的面条通常都是柔软的，吃面的同时也能品尝汤的味道。"

较硬

"可以更好地品尝小麦的风味，口感粉粉的。可免费续面的地区如博多、长滨等地，通常面条较硬，因为这样可以保留更多的汤汁。"

要素 2

汤底

汤底的食材通常是头骨、脊柱骨、大腿骨、肋骨等。
各家店的食材各异，炖煮的时间也不同。加入"元汤"（调味汁）后，汤底的制作就算完成了。

"元汤"（调味汁）

汤底

"单纯的猪骨汤味道单一，所以店主代代相传的秘方——'元汤'就显得至关重要了。猪骨汤底总给人一种油腻的感觉，这是因为加入了脂肪和猪油的缘故。久留米的传统拉面是不加猪油的。"

要素 3

配菜

从固定搭配到其他地区没有的配菜。
为猪骨拉面增添色彩的配菜们！

叉烧

各家店的酱油卤汁都不相同，猪五花肉是固定食材，有一些店也会使用猪肩胛肉、猪腿肉。

葱

葱绿切成末，能够增添色彩和促进食欲，据说最早是为了去腥。

黑木耳

可以说是猪骨拉面专用配菜。大部分店铺会切碎，也有店铺使用整朵木耳。使用木耳的缘由尚不清楚。

笋干

久留米拉面的特色。这是因为“久留米的高良山盛产竹子”。

海苔

在博多、长滨等地，海苔是点单时可添加的配菜，但在久留米，它是固定配菜。这是因为久留米靠近有明海的缘故。

背脂肉片

“清阳轩”的创始人定下的配菜，是久留米的特色。猪背脂会提前炸好，所以大家一般叫它“脆脆”。

焖芥菜

它给拉面带来辣味。“筑后地区盛产芥菜，许多店铺使用的是炒好的芥菜。”

红生姜

最早是为了去腥而加入的。“一些店铺也会用它给竹笋着色。”

大蒜酱油

用生大蒜末或大蒜切片之后炸制而成。各家店使用的方式也不尽相同。

炸干辣椒

增加辣味的固定配菜。“清阳轩”会用精制油炒制辣椒。

从二战前到现在，最古老的猪骨拉面店

“这家店的猪骨拉面味道在整个久留米都是独一无二的，”高松介绍道。“南京千两”的历史从昭和十二年（1937年）开始。

创始人宫本时男原本是推着小吃车卖乌冬面的，他在研究了当时横滨“南京街”（现在的中华街）流行的中式荞麦面和家乡的长崎什锦面之后，做出了日本第一碗纯猪骨拉面。食材选择的是当时非常便宜的猪肋骨，汤底也和现在不一样，是清汤。面条是自制的中等粗面条，做好后一份一份地捆扎好带到小吃摊，在这过程中面条慢慢变卷，到顾客碗中就成了卷面。为了方便饮酒的客人，店主会将叉烧和笋干切碎作为下酒菜。

请务必尝尝最古老的猪骨拉面的味道

上）汤底用的是碱性水。吃完整碗面也不会觉得口渴，回味清爽。
下）在复古的小吃摊吃拉面别有一番风味。日本全国各地慕名而来的人也不少。

第三代店主担起守护店铺的使命

上）摄于昭和二十年（1945年）前后的珍贵照片，图中是第一代店主的小吃摊。
下）家族传承的古老味道，店铺在2017年迎来了80岁的生日。

挑战日本最早的纯猪骨汤底

猪骨拉面由此诞生

从久留米一家小吃摊开始的拉面故事。
这是拉面文化的源头之一。

图片：草野清一郎、加藤史人

第二代店主在继承拉面的形式和味道的同时，将汤底食材换成了猪头，每天花大约15小时熬汤，熬出的汤味道绝佳，没有一丝异味。

“许多顾客的儿子辈、孙子辈都是我们店里的常客，为了他们我们也要继续经营这个小吃摊，把味道传承下去。”第二代店主宫本博说道。

古老的猪骨拉面未来还将继续见证着久留米的变迁。

来一份猪骨拉面!

“南京千两”小吃摊的猪骨拉面吸引了形形色色的客人，有常客和下班的工薪阶层，还可以见到喝醉的客人。它的制作过程是这样的：

1

将面条一边抖散一边下入沸腾的锅中。

2

盖上锅盖，准备好事先加热过的碗。

3

碗中加入元汤和汤底，混合均匀。

4

煮面时间控制在2分钟以内，捞出面条用漏网控干水分。

5

把控干水分的面条倒入碗中，撒上葱花。

6

最后加入切好的叉烧和笋干以及海苔。

推荐

另有小食菜单
请品尝
令人怀念的味道！

上）传统的煮鸡蛋（1个100日元）个头很大。
下）以猪骨为食材烹制的“猪骨饭”（250日元）。

店铺信息

南京千两　总店

地址：福冈县久留米市野中町1357-15
☎0942-22-6568
营业时间：11:30—22:00
休息日：不定时休息

店铺信息

南京千两　小吃摊

地址：福冈县久留米市东町36 熊本银行前
☎0942-22-6568（总店）
营业时间：19:30—第二天3:30
休息日：不定时休息

博多猪骨拉面的代表

拥有无限可能的猪骨拉面

博多猪骨拉面早已融入当地民众的日常饮食中。它的形式以及高汤和配菜的发展都拥有着无限可能。无论是酒后来上一碗，或者是想品尝鱼介与猪骨的搭配，抑或是想尝一尝馄饨面，总有一碗博多拉面适合你！

图片：久保田敦

小吃摊

神台小吃摊的拉面
100%猪骨拉面

Tomocyan

天神的昭和大道边上有一家名叫“Tomocyan”的小吃摊，这是江口从父亲那儿继承的店铺。小吃摊可以喝酒，还可以点关东煮、炭烤牛肉或鱼介类食材作为下酒菜。酒后还能吃上一碗猪骨拉面（600日元）。拉面特别鲜美。中细的面条包裹着100%猪骨汤底，入口柔和、回味无穷。江口人的热情和面的鲜美一定会让你爱上这家店。

左上）拉面可作为下酒菜或酒后的主食。
左下）店主喜爱红生姜和胡椒。
右上）在狭窄的店铺，合作和速度显得尤为重要。
右下）汤底的加入使得整个店铺都充满了拉面的香气。

我们店是传统的长滨味道

店主江口润（左）
员工 诸石亮辅

店铺信息

Tomocyan

地址：福冈县福冈市中央区天神1-14-16
☎ 090-3667-5782
营业时间：19:00—第二天2:00
休息日：无

鱼介
猪骨

浓厚的鱼介与猪骨
洋葱的加入形成独一无二的味道

拉面海鸣 中洲店

“鱼介猪骨拉面”（720日元）是鱼介高汤与猪骨高汤组成的的双重汤底。喝上一口就停不下来。鱼介猪骨的专用面条是中等细的，可以更好地与汤底融合在一起。炭烤的叉烧香气扑鼻，洋葱的加入给拉面带来了甘甜和别样的口感。猪骨与鱼介的相遇如此美丽。

店主
坛和之

独一无二的
味道哟

正左）汤底充满了鱼介食材的芳香和猪骨的浓郁。
右上）叉烧是用点火枪烤制的。
右下）满满都是切碎的葱白。

店铺信息
拉面海鸣　中洲店
地址：福冈县福冈市博多区中洲3-6-23和田大厦1层角号
☎ 092-281-8278
营业时间：18:00—第二天6:00
休息日：星期天

猪骨
馄饨

加入了令人怀念的馄饨
请务必尝尝！

小富拉面

它在前几年从城南区的樋井川搬到了现在的地址，在当地小有名气。店里的猪骨汤每隔几小时就会重新熬制，很受食客欢迎。馄饨面（800日元）中浓厚的猪骨汤和爽滑的馄饨十分搭配。虽然有一些老字号也曾推出了馄饨面，但现在数量并不多。请尽情享受汤底与细面、馄饨组合的美味。

左）Q弹的自制馄饨。
右上）新鲜汤底，每隔几小时就熬制一份。
右下）制面厂特制的细面。

店铺信息
小富拉面
地址：福冈县福冈市早良区饭仓4-1-38
☎ 092-865-7231
营业时间：11:30—21:00
休息日：星期二

在当地广受
好评的拉面

店主
中富创

拉面家族的“第三代”，讲述家族的魅力

——两位都属于拉面家族的第三代。请问你们认为家族的魅力是什么呢？

藤崎：第一代创始人面对的困难非同一般，他创造出了整个家族的味道，这是很了不起的。他发现猪骨和酱油搭配起来非常美味，这就很了不起了（笑）。

菊地：像六角家这样由第二代定下拉面体系的真的很厉害。

藤崎：哪怕是记录客人所点菜品这种细节也有规定。六角家的出现使得家族拉面店更加规范化了。

——你们与第一、第二代的区别在哪里？

第3世代

家族拉面

店铺信息

吉祥寺 武道家

地址：东京都武藏野市吉祥寺南町1-5-11丸善大厦1层

☎0422-72-7099

营业时间：11:00—15:00 16:00—第二天2:00

休息日：无

菊地辉

吉祥寺 武道家

店主

菊地也是在第二代店主那儿积累了经验之后自立门户的。2013年，他的拉面店在吉祥寺开业了，现在他在早稻田、中野、成城学园前、国分寺也拥有了分店。他是一位专业的厨师，最擅长的是猪骨拉面。

菊地：我们在第二代拉面店锻炼了至少10年的时间，虽然是家族拉面店，但是我们独立出来之后也会有自己的想法与计划，所以肯定会有与前两代店铺不一样的地方。

藤崎：就拿制服来说吧，18年前我们刚在吉祥寺开业的时候，附近几乎没有其他家族拉面店，所以我们希望当地民众能够熟悉我们家的风格。对此我们也推出了一系列的措施，比如将制服换成休闲的T恤，提高我们的服务水平等。

菊地：我们武道家对于服务也有一定的要求。迎接客人的时候一定

谈

诞生于神奈川横滨市的家族拉面店。
从1975年鼻祖吉村家开业以来历经40余年，
现在甚至已经走出国门，
我们请到了两位店主为我们讲述
家族拉面店的现状。

图片：铃木裕介

藤崎茂也

吉祥寺 武藏家
店主

六角家的店主在吉村家当学徒后独立出来，才有了现在的六角家。而藤崎在六角家当学徒积累经验之后，于2000年在吉祥寺创立了自己的拉面店。他希望自己的拉面店能够传承数代，这是他的目标。

店铺信息

吉祥寺 武藏家

地址：东京都武藏野市吉祥寺南町1-8-11弥生大厦1层
☎0422-77-0180
营业时间：星期一—星期六
11:00—第二天1:30
（最后点单时间），
星期天11:00—第二天0:30
（最后点单时间），
※如果星期一是节日
星期天—第二天1:30
（最后点单时间）
休息日：无

要精神抖擞。因为我们觉得一定要给客人留下元气满满、热情好客的印象。

藤崎：但是无论如何改善服务，提高店内的清洁度，我们都不会改变拉面的味道。刚开业的三四年间我们已经确定了“武藏家的味道”，之后就是坚守。我们店里有一些从学生时代就开始光顾的客人，现在他们还会带孩子来。看着他们吃着面感叹道：“对对，就是这个味道。”那就是我们最高兴的时刻。

菊地：我们店已经开了10年了，味道也变了很多次。

“无论何时我们都想把‘对，就是这个味道！’坚持下去。”

——— 藤崎

您真的了解“家族”味道吗？

1 “吉村家”

“吉村家”的店主吉村实是家族拉面的创始人。他的弟子们另立门户或开连锁店的时候，店名一定要叫“XX家”，这是家族拉面的传统。

2 “顾客的喜好”

味道的浓淡、油的用量、面的软硬等，顾客可以按喜好下单，这也是家族拉面的特点。许多店铺会在餐桌上放上大蒜末、豆瓣酱等，顾客可以按需添加。

3 “猪骨酱油”

家族拉面有一些规定，比如制作猪骨酱油拉面时要使用粗直面条。其受欢迎的秘诀就在于浓厚的味道。现在家族拉面的队伍还在不断扩大。

我们更换过食材、搭配，在制作过程中还吸收了博多拉面的做法，不断对拉面进行研究。

——两位认为应该坚持和改变的东西分别是什么呢？

菊地：虽然我们会稍稍调整味道，但还是有一些东西是绝对不能变动的。比如猪骨酱油拉面这个汤底是不会变的，还有服务方式也不会改变。这是出于对自己家族拉面的热爱，这部分我们会坚持下去。

藤崎：对，核心部分再过10年我们也不会改变。

“客人至上。但是味道还是要坚持。”

——菊地

“汤底都不会冷却的近距离”关系

两家店的位置距离很近，相互之间可以看见。两位店主在行业集会上认识之后，交往就越来越密切了。“我的理想是一提到这附近的拉面，大家就会想到武藏家或者武道家（菊地）。”

闻名于吉祥寺

走进这两家拉面店 感受家族拉面的家风

诞生于神奈川县横滨市的家族拉面。
考察吉祥寺两家拉面店的味道。

从当地吉祥寺老字号烤鸡、肉店"Iseya"购入的国产猪骨和鸡骨，大火快速炖出高汤。相较于其他的家族拉面，武藏家的高汤比较清淡，但是层次和口感极佳，加上开业以来一直用到现在的酱油调味汁，拉面的层次变得更加丰富。再浇上鸡油，一碗独一无二的拉面就完成了。

另一个人气拉面是"飞鱼盐拉面"（650日元），汤底中加入了飞鱼。

家族拉面1

引领吉祥寺拉面行业的名店

武藏家

猪骨酱油拉面

650日元

中等粗的直面条。高汤是由猪骨和鸡骨熬制的。菠菜、三片海苔、叉烧（猪肩胛肉）、葱花，这是自己所属的家族拉面规定的配菜。层次丰富的高汤和厚重的酱油搭配得恰到好处，加上筋道的面条，三者融合得十分和谐。

飞鱼盐拉面

将猪骨、鸡骨熬出鲜味，加入使用多年的酱油调味汁，形成层次丰富的味道。

特色 1 去骨

在熬制猪骨、鸡骨的高汤时，骨头放入1个半小时至2个小时后需要从汤中取出，这是武藏家汤底的特别之处。这样可以避免汤底过于浓稠，品不出高汤的鲜味。这个过程被称为去骨。

特色 2 50日元的精品米饭

所用大米是得过天皇杯大奖的青森县津轻产的“津轻roman”。50日元1碗可免费续加。米饭的味道、黏性、香气等特征都与武藏家的猪骨酱油汤底十分搭配，许多客人吃完后会再续一碗。拉面与米饭是标配。

特色 3 特别订购的面条

武藏家特别订购的面条是中等粗的直面，有嚼劲，口感爽滑。这是神奈川县川崎市的“大桥制面多摩”的产品。普通分量一人份160克。

最新的T恤制服的设计灵感来源于化学兄弟CD的封面。

家族拉面2

目标是终极猪骨酱油拉面

武道家

“猪骨味道越浓，鲜味就越低。但是我希望顾客能在浓厚的猪骨味道中品尝出酱油调味汁的鲜美。”为此菊地进行了多次尝试。武道家的汤底食材使用的猪骨、鸡骨种类众多（用量也很多），菊地为实现“终极拉面”的目标不断努力。饭食（200日元）方面，米饭上有厚厚的叉烧和卤蛋，还加入了酱油调味汁和蛋黄酱，是非常受欢迎的料理。

饭食

拉面

700日元

面条是粗的微卷面。高汤是猪骨（大腿骨、头骨、脊骨、肋骨、扇骨、碎骨）和鸡骨（鸡骨架）。配菜是叉烧、3片大海苔、菠菜。浓厚的汤底，酱油调味汁的芳香与滋味形成了完美的平衡。

猪骨的浓度与酱油调味汁之间的对抗！
凝聚着超高技艺的拉面不容错过。

特色 1 “身体就是本钱”主义

墙壁上贴的是店主菊地喝完的蛋白粉的包装贴纸。打烊之后员工会摆放好哑铃。员工们的合照看起来像体育社团，充分体现出店主坚持健康第一的原则。

特色 2 特别定制面

面条“稍稍带点儿卷”，这种面综合了卷面吸收汤汁的长处和直面爽滑的口感。面条的制造商是东京大田区的“酒井制面”，许多家族拉面店都从那里订购面条。

特色 3 搅拌骨头

充分搅拌熬煮高汤的大锅，把里面的猪骨、鸡骨搅匀，这是武道家的做法。通过搅匀骨头可以更好地熬出鲜味，这样处理过的高汤味道柔和。

店里全员都会在脖子上挂上名片牌。这体现了“员工就是家人”的团结精神。

图片：新城孝、宫下正宽、平安名荣一

第四章

拉面行业的魅力档案

魅力档案

拉面行业有创造出神话的大师，也有锐意进取的谋士以及技艺超群的活跃派。

传说中的！

魅力档案 1

▶ 店主

KAZUKI ANAMI

穴见胜喜

经过3年，
在2016年重新开业！
现在，许多粉丝慕名而来。

简介

现年79岁的穴见。他迷上拉面后，付出了全部的心血，并为拉面行业培养了许多人才，现在这些人才还活跃在拉面行业。

从出租车司机到拉面行业大师

穴见25岁时在“希望轩”的小吃摊点了一份拉面，未曾想这份拉面给他的人生带来了巨大的改变。当时东京拉面一般都是飘着酱油香气的简单拉面，而穴见吃的那碗却浮着满满的油花。从那以后的9年时间，他成了“希望轩”小吃摊的常客，每天都梦想着能去拉面店工作。直到有一天店主问他：“你是真的想开家拉面店吗？”于是第二天穴见辞去了出租车司机的工作，开始在拉面店当学徒。经过3年半的积累，他终于做出了属于自己的拉面，之后他离开了拉面店准备另立门户。但是资金不足，而穴见又希望能够尽快开业，所以他退而求其次，在青山开了一家拉面小吃摊。渐渐地，越来越多的人开始光顾他的小吃摊。

店铺信息

香月

地址：东京都港区六本木3-10-11青木大厦1层

☎03-6804-5822

营业时间：11:00—第二天8:00、星期天、节日11:00—23:00

休息日：全年无休

1

想要守住这个味道……这个想法实现了。

之后店铺几经搬迁，于2013年彻底关门了。虽然“香月”拥有众多粉丝，但是店主还是做出了这个艰难的决定。这主要是因为店主年事已高，体力下降。

店铺招牌上亮着的霓虹灯，与六本木的风格一致。“香月”的店名来自穴见的名字胜喜（kazuki，与日语香月的读音相同）。

但是他依旧希望能将“香月”的味道传承下去，为了守住“香月”的味道，他决定将“香月”卖给喜爱“香月”的顾客。这是一个非常悲痛的决定。“香月”在2016

2

3

1）除了“味噌拉面”（900日元），菜单上还增加了鲜虾盐拉面。最近还会新推出辛味噌拉面。
2）经营拉面店40余年。虽然保持拉面味道不变这话说起来简单，但是做起来却不容易。
3）将背脂加入拉面时的场景。拉面看起来味道厚重，实际上却回味清爽。

年重新开业就是因为能够满足穴见要求的人出现了。他与穴见约定，无论何时都不会改变“香月”的味道。他会将“香月”原来的拉面变成固定菜品，同时也会增加新的菜品。他提出在守护拉面原有味道的同时丰富菜品的数量。今后“香月”的发展值得关注。

穴见与“香月”的过往

1975 穴见爱上了“希望轩”拉面，在拉面店出师之后，在涉谷区青山二丁目开了自己的卡车小吃摊。

1977 在涉谷并木桥的路边开了拉面店。虽然面积仅有6坪（约20平米）但是顾客很多。因为东京的城市扩建政策不得不搬迁。

1987 店铺搬到了惠比寿的西口站前。历经休业、重新营业，店铺在此经营了25年左右。在许多人的印象中，“香月”＝惠比寿。

2012 在惠比寿时期，“香月”培养了许多徒弟、徒孙。之后店铺再次搬迁至三轩茶屋。

2013 在三轩茶屋营业之后，店主原本打算在惠比寿开分店，结果最后却决定关闭所有店铺。这对于“香月”的粉丝来说是一段悲伤的日子。

2016 “香月”重新开业。店铺搬迁到了六本木，许多过去的食客纷纷慕名前来。

充满朝气的！
魅力档案 2

▶ 店主

CHIHIRO MIYAZAKI

宫崎千寻

“拉面应该允许自由创作。

希望今后我还可以做出新的拉面。”

简介

宫崎千寻曾在“一风堂”当了11年学徒，2011年自己的店“Soranoiro”开业了。现在他经营着3家个性迥异的拉面店。

开拓新世界，不断地创新

东京的拉面店竞争异常激烈，但是“Soranoiro”（直译为“空之色”）的老板宫崎表示绝大多数店铺都缺少原创精神。

“我想开一家女性一个人也可以随时光临的拉面店，就像咖啡店一样。拉面在女性中也很受欢迎。但是目前大多数拉面店的氛围使得女性不愿意独自光临。我们就是看到了女性市场的潜力，所以调查了无数咖啡店。”

宫崎最在意的就是空间布置，其次是与空间布置相符的创意拉面。他做出了以蔬菜为主要食材的“蔬菜荞麦面”。面条、汤底、配菜中都含有蔬菜，营养丰富又健康。拉面一经推出便广受关注，多家媒体对其进行了报道。“拉面只有不断变化，才能发展和进步。”他说道。

他的新店“Soranoiro Tonkotu & Kinoko”就是最好的例证。新店推出了以香菜为配菜的“香料猪骨拉面”，里面添加了包含香菜在内的5种香料。这款拉面受到了众多顾客的欢迎，也让人佩服宫崎的创意。

宫崎的拉面店

店铺信息

Soranoiro 总店

地址：东京都千代田区平河町1-3-10Blue大厦总馆1B
☎ 03-3263-5460
营业时间：11:00—15:00（最后点单时间）
18:00—22:00（最后点单时间）22:15打烊
11:00—15:00（星期天和节日）
休息日：星期六
（每日汤底、面条售罄即止）
http://soranoiro-vege.com

店铺信息

Soranoiro 东京站店

地址：东京都千代田区
丸之内1-9-1东京站一番街
☎ 03-3211-7555
营业时间：10:30—23:00
（最后点单时间22:30）

店铺信息

Soranoiro Tonkotu & Kinoko

地址：东京都中央区京桥2-2-1 京桥Edogrand B1层
☎ 03-6262 -3545
营业时间：11:00—15:00
（最后点单时间14:30）
18:00-22:30（最后点单时间为22:00）
星期六、星期天、节日 11:00-20:00（最后点单时间为20:00）
休息日：星期六、星期天
（每日汤底、面条售罄即止）

宫崎千寻开拓的新世界

以蔬菜为主的“蔬菜荞麦面”。
得到了国外食客好评的同时，他又推出了新的拉面。
那就是“纯素食主义蔬菜荞麦面”。

可以吃到超多的蔬菜！

特点 1

纯素食主义蔬菜荞麦面的发布

“纯素食主义蔬菜荞麦面”不使用任何动物性食材，由百分之百的蔬菜制作而成。这款拉面乍一看满眼都是蔬菜，感觉十分健康。胡萝卜汤底、糙米面条再加上纯蔬菜的配菜，这就是终极“蔬菜荞麦面”。最近几年赴日的外国人越来越多，对于纯素食主义食物的需求也不少。

可根据个人喜好加入柚子和胡椒改变拉面的味道。

像沙拉台一样取出色彩各异的蔬菜放入碗中。这些都是蔬菜荞麦面的配菜。汤底的食材胡萝卜是从合作的农家那里直接进货，不使用农药，安心又安全。以岛根县产的糙米为原材料做出糙米面。

特点 2

SNS（社交网站）的灵活应对

宫崎店主还将视线投向了互联网。通过SNS，他不仅可以发布相关信息，还可以最大限度地利用信息。他总是坦诚地面对网络上的差评，期待着“潜在顾客”的光临。

通过SNS广泛地获取信息。无论好坏，SNS可以最直观地反映出拉面以及店铺的情况。

特点 3

价格的恰当性

您觉得一碗拉面标价1000日元是高了还是低了？“与20年前相比，物价已经上涨了很多，但是拉面的价格却没有太大的变化，这是不合理的。”（宫崎）店里拉面的价格都经过了严格的核算。

在欧美，一碗拉面的价格通常都在1000日元以上。这与厨师的付出是对等的。

特点 4

加强“与他人的交际”

宫崎的坚持除了体现在拉面的制作和空间的布置上，还体现在“与他人的交际”上。除了拉面制作相关的批发商、农家，为了和店里的年轻员工构建稳定的信赖关系，宫崎会不断地提醒自己以更为积极的态度和员工相处。

有了相互信赖的关系，笑容自然也会更美丽。这也是影响店铺氛围的一大要素。

特点

5 拉面店的 咖啡店化

在装修店铺的时候，宫崎最在意的就是要“营造一个像咖啡店一样可以吸引女性顾客单独前来，而且能够安心品尝拉面的空间”。因此他对各种咖啡店进行了调查，仔细研究了各家店的布置。拉面店通常是一个比较拥挤的空间，但他打破了这一传统印象，尽可能地将空间扩展到最大，让每个座位之间能够留有足够的距离。这个店铺看上去十分清爽整洁，完全不像拉面店。这应该符合宫崎所提出的新拉面改革的创意。

1

2

1）店里提供皮筋，女性顾客在吃拉面时可以将头发挽起来。
2）与天花板接触的墙壁上贴了白铁皮，营造出工业风格。
3）洗脸台上的装饰画是“Soranoiro”开张时的赠品。

3

讲究细节

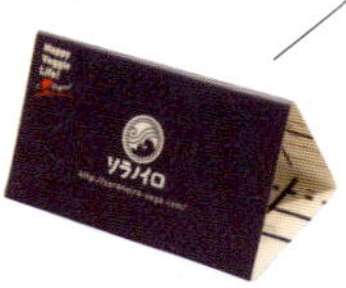

店内的物品都摆放在顾客看得到的地方，这些都体现出宫崎一丝不苟的性格。店里所有的细节都很有意思。

特点

6 设计 的加入

店铺名“Soranoiro”的logo模仿手绘的形式，十分可爱。店外的招牌里装有灯泡，招牌上写着：“Japanese soup noodle free style”，拉面这一词汇却不在其中。另外店里的名片也印有和店名同样的logo，整个名片是立体的。从招牌和名片上也能感受到宫崎对于创意的坚持。

特点 7

制服的 轻便化

拉面店的制服通常是印有店名的T恤。简单而没有时尚感，Soranoiro的制服简洁而轻便，员工穿上后就像是咖啡店的服务员。

宫崎的制服后背上印有数字“7”。这是学生时代他作为篮球社团队员的球衣号。

宫崎与Soranoiro的过往

1977 宫崎出生在东京都世田谷区。从小他便对烹饪产生了浓厚的兴趣，高中时期他几乎吃遍了东京的拉面，大学时期他曾在新横滨拉面博物馆打工，由此进入到拉面行业。

2000 大学时期宫崎在经营学部学习，按常理他应该进入公司工作，但是他舍不得放弃做拉面的梦想，再次投身拉面行业。然而他在第一家拉面店工作了仅仅4个月就辞职了。

2000 因为学生时代的一些机缘，宫崎见到了“一风堂”的创始人河原成美，随后他进入力之源公司工作。力之源公司下面有“一风堂”和“五行”两家拉面店。

2011 在“一风堂”和“五行”做过多年经理之后，宫崎创立了“Soranoiro”。店里的“绿色健康冷面”经过媒体报道一炮而红，获得了超级拉面Navi大奖2011年新人大奖第一名。

2014 宫崎参加了法国巴黎举办的“巴黎拉面周”。活动开始的第一天，他的摊位前就排起了长队，整个活动中共卖出600份“蔬菜荞麦面”。

2014 Soranoiro出现在了“米其林指南2015年东京”必比登(Bib Gourmand)推介名单上。第二年也入选了必比登推介名单。

2015 冲绳举办了stripe noodles的策划咨询会，宫崎做出了“牛排拉面”和“番茄蔬菜荞麦面”，获得了2015年冲绳拉面职人第一名。

充满朝气的!

魅力档案 3

Name

JUN FURUKAWA

古川淳.

店铺信息

MEN-EIJI HIRAGISHI BASE

地址：札幌市丰平区平岸2条11丁目1-12

☎ 011-813-7233

营业时间：11:00—15:00（最后点单时间为14:45）、17:00—19:30（最后点单时间）

休息日：星期三、每月第三个星期二

http://men-eiji.com

希望店铺能为札幌拉面的历史做些事情。

抱着这份期待的男人。

简介

出生于北海道惠庭市。曾在札幌、东京的拉面名店锻炼，29岁时独立出来，开了自己的拉面店。因为坚持自己的想法而受到了大家的关注。

对拉面的认真与专注

远离札幌市中心的小路上有一家永远在排队的店铺，店主就是古川淳。他的出发点只有一个，就是“希望能给顾客带来快乐”。这并不是“流于表面”“做个样子”，古川是彻底践行着自己的宗旨。他会和食材的生产商一起在田间劳作。他十分积极地召集各个领域的朋友举办活动或找各种讨论话题。在守护传统札幌拉面的同时，他还做出了不使用化学调味料和脂肪的新式拉面。在札幌，很少有拉面店使用自制面条，而古川却特别订购了制面机制作面条，店里还会将面条批发给其他店。

“我们并不是标新立异，而是希望通过制作新的味道与惊喜，让不喜欢拉面的人也能爱上拉面。”今后古川还将不断地创新，让我们拭目以待。

古川与MEN_EIJI的过往

1977 古川出生于北海道惠庭市。“我以前总把失败归咎于周围的环境。”（古川说）趁着儿子出生，古川希望“孩子能为自己的工作而感到骄傲”，所以决定进入拉面行业去开一家自己的拉面店。

1999 一开始他“计划在札幌的一流拉面店提升自己的能力”，所以他来到“拉面彻夜”工作。这一过程中他不断地学习前辈的技艺，彻夜不停地努力。5个半月后，他被选为平冈店的代理店长。

2004 “札幌之后，我又希望能在东京一流的拉面店闯出一番事业。”（古川说）抱着这种想法他进入“九段斑鸠”（东京都）工作。

2006 “我要改变札幌拉面行业。”带着这样的信念与绝对的自信，古川的“面eiji”开业了。然而顾客并没有想象的多。“我的自信全没有了，陷入了深深的挫败感中”。有一次，他和一位顾客解释道：“我们店没有停车场。”顾客回答道：“没有人气的店铺都这样。”这件事促使他开始反思，之后“难以置信的事出现了，客人增加了很多”。

2010 店铺开始使用自制面条。为了做出满意的面条，古川经历了无数次失败。“大概花了1年时间，自制面条才真正出现在客人面前。这期间我大概浪费了1吨的面粉吧。”（古川说）

2011 古川特意将店铺搬离了主干道。店铺的名称也改成了“MEN-EIJI HIRAGISHI BASE”，这意味着一个全新的开始。

2016 准备在札幌市中央区南3条西1丁目SUGAI DINOS1层开2号店。

古川淳开拓的新世界

“希望能给顾客带来快乐”，说起来是一件特别普通的事情。
但是古川十分认真地张罗着，
很少能见到如此认真对待拉面的店主！

特点 1

个性的高品质化

在以味噌拉面为主流的札幌，古川店里的招牌拉面却是830日元的“鱼介猪骨酱油拉面”。拉面里的鱼冻可以让食客享受味道变化的乐趣。古川在发展自己店铺的同时还不忘推动整个拉面行业的发展，这是他的过人之处。“新鲜事物、令人期待的食物出现在你面前，你肯定会想尝一尝吧。如果好吃的话肯定还会想告诉其他人。这样一来，那些对拉面没有兴趣的人以后也一定会来店里品尝的。”古川参加了很多的相关活动，比如MEN-EIJI和札幌的其他4家拉面店一起组成“AWA”，致力于为顾客们提供“过去没有的拉面”。

店主们制作的“AWA”海报，中间是古川。

当地拉面的高品质化

现在札幌的部分拉面店
或靠化学调料调味，
或把游客作为
主要顾客群体。
古川抛出的这块“大石头”
究竟能不能问出路来！

特点

2

面 的高品质化

1

2

“我们的目标是给客人提供他们之前从未吃过的拉面，所以必须注意所有的细节。”古川的行动正是这句话的最好印证。2010年，店里购买了制面机之后，古川订购了各种小麦粉样品，一点一点地改变揉面时的用水量，不断地进行研究。此外，软水、硬水、纯水，哪种水做出的面条更好，精制盐和天然盐哪种更合适，他不断地尝试，以求做出最好的面条。“我们是拉面店，不是汤店。拉面一定要有面条。我们不可能把自己都没弄明白的东西端给客人。”为此，古川还与农民一起收割小麦。

3

4

1）在札幌少见的自制面条。
2）与农家一起收获“RuRu Rosso”小麦，该品种仅在北海道小平町种植。
3）古川追求的并不是生面条的高品质，而是煮熟之后的面条品质。
4）古川在洞爷湖町佐佐木农场田间劳作的场景。

特点

3

店面布局 的高品质化

店的外观和内部装修、器具以及员工的服务，“我们都在不断追求着高品质，所以客人才会从我们这里得到快乐”，这是古川的信念。古川特意把店铺选在了远离闹市区的地方，从店铺的各方面来说都绝对值得一去。

这个店铺的外观看上去有种欧美的时尚感。

充满朝气的！

魅力档案 4

▶ 店主

KAZUMI YODA

依田和实

对顾客
满怀慈爱的
待客之心。

简介

出生于长野县。人生只有一次，离婚之后，她希望去做自己想做的事情并开一家拉面店。

希望成为像母亲一样温暖的存在

上野御徒町的铁路桥下有一条拉面街。在各种拉面名店中有一家叫作“Chiranaisakura”的拉面店，其独特的风格让人无法忽略。

“拉面的味道是最重要的，除此之外还要让顾客高兴。”

依田以前在信用合作社做柜员，机缘巧合之下她辞职来到了拉面店工作，不知不觉中她被拉面的魅力深深折服。

依田几经考虑，最后将自己的拉面店定位为提供女性特有的暖心美食的店铺。

“我的目标是成为大家印象中旧时‘拉面店的老奶奶’。”

对于依田来说，与客人聊天是一件有意思的事情。

她希望自己的店能给客人带去樱花般的笑容，抚慰每位顾客的心灵。

店铺信息

Chiranaisakura

地址：东京都台东区上野5-10-14

☎ 03-5812-4140

营业时间：11:00—第二天2:30（最后点单时间为2:00）、星期天11:00—22:00（最后点单时间）

休息日：无

拉面与茶道有相通之处

依田也会茶道，所以她烹饪的动作十分优美，让人不禁看入了迷。“精心地准备，倾尽全力做出让顾客满意的食物，在这一点上拉面和茶道是一样的。”她笑着说。

依田和实所追求的周到服务

她希望女性顾客也能够愉快地光临，
所以十分注重舒适性和室内布置。

特点 1

舒适性

店内十分宽敞，吧台座椅和桌椅摆放得比较宽松，依田希望顾客可以惬意地享受用餐时间。店内还有单独的包厢，方便家庭聚餐。晚上，店铺有种小酒馆的感觉，一些顾客也会来此放松。

为了能够和更多顾客交流，店里的吧台特别长，能坐下10个人。

特点 2

女性魅力

包括依田在内的所有女性员工都统一穿着浴衣。许多客人说一进店看见员工笑着说着："欢迎光临，让您久等啦！"就感觉自己被治愈了。

店内的员工几乎都是女性，一系好浴衣的腰带就迅速进入到工作状态。

特点 3

可爱

店内到处装饰着樱花图案，连碗和点心酥皮上都有。店里以粉色为主色调，甚至洗手间也装饰着花，感觉就像来到了女生的家中。店里的壁画都是出自新锐壁画家之手。

特点
4

服务周到

绑头发的皮筋、纸质围裙，现在拉面店都会为女性顾客提供相关物品。但是依田的拉面店还提供毛毯、手机充电器等物品。

左）洗手间里摆放着棉棒、牙签，这在拉面店是非常少见的。
右）提供毛毯、置物篮是源于依田自身的经历，这些可以有效解决女性腿部容易着凉、随身物品比较多等问题。

从女性角度出发
满满的可爱风

探明发酵技术
带来的味道变化

拉面领域出现的
不可思议的篇章

“发酵”的潮流来啦！

现在“发酵”受到了拉面行业的广泛关注。数日的发酵过程丰富了食物味道。让我们先听听酱油以及味噌制造商的看法。

源自发酵的
味道与香气

酿造酱油

经过
一年半时间
发酵而成的酱油
令人印象深刻的风味

依赖于气候与环境，传统的工艺制法

在一片昏暗与寂静中只能听到搅拌酱缸的声音。香川县小豆岛的老字号“Yamahira酱油”从明治三十八年（1905年）开始，历经四代，专做酿造浓口酱油。

通常酱油制作时使用的是FRP（玻璃钢）或者水泥材质的酱缸，经人工发酵6个月左右。而“Yamahira酱油”使用的酱缸是从开业时传下来的杉木桶，经过1年半的时间充分发酵。这样酿出的酱油味道更为浓厚，香气也更甚。

秘诀不仅在于此。岛上的盐和气候，以及藏在柱子、桶壁里的天然酵母和乳酸菌会在适当的时间融合，促进酱油的发酵。

“酱油的用处在于自然地与食物融合，凸显食物的味道。制作这样的酱油是我们的目标。”第三代店主山口俊德说。

酱油的香气并不刺激，芳香穿过鼻腔到达记忆最深处，让人无法忘记。香气十分朴实，却比任何花哨的味道更打动人心。如果是用“Yamahira酱油”的产品做出的拉面，那确实有捕获人心的能力。

酱油储藏在老式酱油桶中
不断酿造出芳香的酱油
独一无二的酿造厂

第一代店主山口平太郎于1905年创立酱油酿造厂，“Yamahira酱油”现在由负责运送酱油到濑户内海各小岛的第三任店主山口俊德和年轻的第四代店主山口和久继续守护。

店铺信息
Yamahira 酱油

香川县小豆郡土庄町大部甲3260
☎ 0879-67-2069
http://www.yamahira-soy.com/

酿造酱油与拉面配合得如何？

1. 浓口酱油的鲜味回味绵长，不需要多加处理就让人垂涎三尺，与同样简单的酱油拉面十分搭配。
2. 发酵时使用的是木桶，米曲霉菌株中有天然的酵母和乳酸菌，所以酱油才会有柔和而自然的风味。因此酱油并没有人工的或者刺激的味道，可以凸显出汤底的澄澈与面的风味。

希望做出凸显食物味道的酱油

山口和久

山口俊德

过程

酿造酱油 制成的步骤

工匠、时间与酱缸里的微生物一起。
聆听三者合奏的管弦乐。

开始！

步骤 1

原料有这些

大豆、小麦和海盐是一切的开始。蒸好的大豆与炒制碾碎的小麦混合。加入种曲，放入种曲室让微生物繁殖。

→

步骤 2

米曲霉在木桶里发酵

往种曲中倒入盐水就得到了米曲霉菌株。大豆的蛋白质会慢慢变成形成鲜味的氨基酸，小麦的碳水化合物则变成了芳香成分。之后氨基酸与糖类结合形成厚重的味道和香味。

↙

发酵时间 1 年 6 个月

步骤 3

木棒促进发酵

酱缸里的酵母、乳酸菌进入到米曲霉菌株后，发酵开始。用木棒搅拌，增加酱缸里的氧气含量，进一步促进发酵。

→

步骤 4

从木桶中取出米曲霉菌株

把发酵一年半的酱油沉渣移到别的容器中。将木桶酱缸洗净，让酵母、乳酸菌继续在桶里的纤维中繁殖。

酱油沉渣颗粒是什么？

进一步发酵 让酱油变得像味噌一样

让人联想到味噌的是发酵2年以上的酱油沉渣。现在“酱油沉渣颗粒”已经产业化，在生鲜蔬菜中加入“酱油沉渣颗粒”，入口的瞬间，浓缩的浓厚味道就在舌尖炸开。

步骤 5

过滤酱油沉渣的压榨工程

在容器中取适量的酱油沉渣，用过滤布包好后重叠摆放。400块为一组慢慢地压榨，酱油就像山岩间的泉水一样涌出来。这就是生酱油。

步骤 6

停止发酵 “加热”

生酱油中的氨基酸还在不断地发生化学反应，味道依旧在改变。加热杀菌之后可以保持味道、色泽和香味的稳定。

步骤 7

完成！

独一无二的酿造酱油完成

酱缸中的微生物与工匠、时间的合作。这味道冲击感十足，是藏在记忆中的深厚味道。

长期酿造而成的风味
给予拉面更多的层次

发酵味噌

发酵之后
“再发酵”
特别的味噌
浓郁的香气与味道

追求浓烈的味道，超级发酵味噌的混合

首先希望大家了解所有的味噌都要经过“发酵”这一过程。而被称为“发酵味噌”的味噌则意味着它比普通味噌的发酵时间更长。

但是味噌并不是发酵时间越长就越好。这次我们采访的“青源味噌”，它家的普通白味噌只需发酵2~3个月，赤味噌的发酵时间为10~14个月，无论哪种味噌，味道都很好。“青源味噌”也有发酵3~4年的产品，但是它并不作为商品出售，而是用于混合制作产品。超级发酵味噌有着特别浓厚的香味，加入拉面中能够丰富拉面的味道。“青源味噌”卖给拉面店的“发酵味噌”是加入了超级发酵味噌的混合味噌。

数种发酵程度各异的味噌混合，形成了“浓烈的味道”，这正是拉面所需要的。所以“青源味噌”并没有推出拉面专用味噌，而是由工匠根据各家拉面店的要求以及拉面要求的味道，调整混合的比例。虽然提鲜的调味料有很多，但是“青源味噌”为了做出“味噌特有的鲜味”倾注了大量的心血。

发酵味噌与拉面配合得如何？

发酵过后的味噌香味与拉面是十分契合的。味噌有着独特的深厚味道，虽然美味，但是并不建议做味噌汤时只用一种超级发酵味噌，要按照实际需求与用途选择味噌。

味噌工厂的外观与厚重的装饰历经了近400年的时光

我们采访的“青源味噌”是创立了近400年的老字号味噌工厂。工厂的墙壁是明治三十九年（1906年）时用当地的大谷石做的，战火在墙上留下了清晰的痕迹。工厂至今还保留着有着200多年历史的江户时代的厂房。

在守护有着1000年历史的味噌传统的同时夜以继日地研究。

工厂一面灵活地应对机械技术或生物化学的进步带来的挑战，以及满足顾客不断增长的需求，一面继续在传统之上做出新的味噌。

店铺信息
青源味噌株式会社
栃木县宇都宫市
三番町1-9
☎028-633-3333
http://www.aogen.co.jp/

花费大量工夫做出的顶级味噌！

代表
青木敬信

过程

发酵味噌 制成的步骤

卖给拉面店的发酵味噌
制作过程大公开！

开始！

步骤

1

制曲

在曲室蒸制好大米或小麦，并加入曲霉菌。照片中是前一天加入曲室的米，第二天早上曲就做好了。加入了曲霉菌的大米会发热，所以从门的缝隙里能够感到些许温热。

↓

步骤

2

混合均匀

将大豆、曲、盐混合

将高压蒸煮的大豆（照片右）碾碎，加入事先量好的曲、盐，少量多次混合均匀。用机器搅拌后，再由人工用专用的铁锹继续搅拌。充分混合后倒入容器中，装满后进行下一步。

步骤 3

现代容器

以前是用木桶制作味噌，现在因为卫生问题换成了FRP（玻璃钢）的容器。员工也从以前赤裸着上半身工作变成了统一着装。

→

步骤 4

在温室发酵

将容器移入恒温30摄氏度左右的温室内进行发酵，需要不定时地充分搅拌。

↙

步骤 5

根据拉面店的需求选择数种味噌

仅靠一种味噌是无法给拉面带来冲击感的。为了做出拉面店想要的味道，工匠会从自己的经验和直觉出发，选出最合适的搭配。上图中从右数起，逆时针方向的3种味噌分别是经过3~4年的发酵的超级发酵味噌、甜的赤味噌以及风味独特的麦味噌。

→

步骤 6

完成！

混合后放置一段时间就完成了

3种味噌再加上企业的秘密溶液，用专门的锅混合，放置一段时间，待味道均匀融合后就完成了。

第五章

拉面必不可少的部分！

高汤的基础

赋予汤底味道的高汤，
即使是拉面名店也依旧在不懈地研究。
日本料理中必不可少的3种高汤，其特点是什么？

照片：深泽慎平　文：河西minori/冈本茉衣/冈村一冥

首先来看看三大高汤

是菜品还是熬汤食材？产地不同味道各异的昆布来了解一下吧。

1 昆布

昆布原产于北海道，其食用历史可以追溯到绳纹时代（日本石器时代后期，公元前12000—公元前300年）。江户时代，货船“北前船”从北海道往大阪运输大米、鱼类等食材，昆布就是这样来到了本州岛。据说直到明治时代铁路开通了之后，昆布才在关东得以普及。因为昆布的味道因产地不同而不同，每个地方对于不同昆布的喜好度也不一致。吹田建议：“首先最好在值得信赖的商店购买昆布，告诉店家自己想做的菜品，尽可能地多沟通，以便全面了解。”

挑选诀窍

昆布不是黑色的！首先要看昆布的颜色

真昆布的颜色是稍稍偏绿的，正宗的罗臼昆布会带着些许红色。尽量不要购买剪短的昆布，建议选择未经处理的商品。

“吹田商店”店主
吹田胜良

“吹田商店”于明治二十五年（1892年）在大阪开业，昭和二年（1927年）搬迁至东京筑地，现已传至第五代。店主同时担任日本昆布协会理事，并参与举办了各种推广昆布的研讨会。

来筑地老字号昆布店看看吧！

店铺信息
吹田商店

地址：东京都中央区筑地4-11-1
☎03-3541-6931
营业：6:00—14:00
休息日：星期天、节日（以及市场休息日）

真昆布

主要产自函馆周边，也叫“山出昆布”。它熬出的高汤味道柔和，没有丝毫异味，透明度高、颜色清亮，整体味道极佳，是制作佃煮（酱油、糖等调味料烹制的海味）、盐昆布（昆布加酱油、盐、味醂、糖、酒等调味料炖煮后干燥而成）、胧昆布（用一条昆布从平行于昆布叶片的方向层层削制而成的薄片的食材）。

罗臼昆布

它的特点是可以熬出味道浓郁的高汤。富士县人最爱罗臼昆布，它占到了全县昆布消费量的七成。因为用它熬出的汤会出现一些杂质，所以一般不作为熬汤食材使用，但是可以做醋昆布。

长昆布

它熬出的高汤鲜度不高，所以通常用于做菜。一般关东煮里的“海带结”就是用长昆布做的。

日高昆布

它在关西地区不太受欢迎，东海以北的居民使用的较多。日高昆布更适合做菜，煮熟以后口感绵软，可以用在昆布卷或佃煮中。

利尻昆布

它是可以与真昆布媲美的高级昆布，熬成的高汤味道也很好，在京都广受欢迎。它是做千枚渍（用醋和胡椒粉以及海带腌渍的萝卜片）的固定食材。利尻昆布自身带着淡淡的咸味，所以它适合与蔬菜、豆腐搭配在一起，素斋中也会用到它。

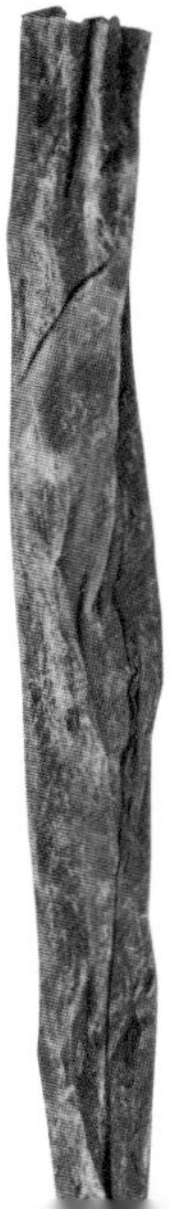

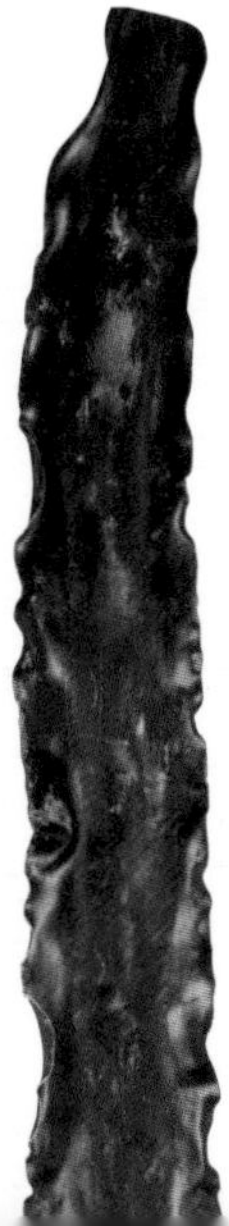

日本特有的技艺创造出鲣节、鲭节等鱼介的鲜味

2 节类

把节类海产品用作高汤的食材是日本特有的技艺。日本料理必不可少的就是鲣节。鲣节原本是将鲣鱼煮熟后烘干的食物，它对于当时的人们来说是重要的蛋白质来源。江户时代由于熏制法的出现，表面的霉菌可以进一步减少鲣鱼的水分，这个过程叫做“发霉”。这使得鲣节使用起来更加方便，它也因此进入到了平民百姓家中。

挑选诀窍

敲一敲 确定含水量

轻敲本枯节时如果听到的是清亮的声音，那就说明它的含水量很低。另外还要注意外表是否有裂痕或者变形。

“大和屋”店主
外山顺一郎

大和屋创立于江户时代末期，外山顺一郎是店里的第六代店主。对于商品他讲究精益求精，不做任何妥协，所以店里的商品品质极高。他对于本枯节的要求极高，许多对高汤有着极高要求的顾客都十分信赖他。

鲣节专家告诉你专业知识

店铺信息

大和屋

地址：东京都中央区
日本桥室町1-5-1
☎ 03-3241-6551
营业时间：10:00—18:00
休息日：星期天、节日
http://katsuobushi.net/index.html

有血合

血合有着独特的风味，与无血合的鲣节相比，有血合鲣节熬出的汤，味道浓厚、层次丰富。所有日本料理中鲣节高汤都是以它为食材熬制的。

无血合

在煮汤、鳗鱼肝汤的时候要使用没有血合（鱼脊骨附近较深的暗红色肉）的鲣节。如果追求食材本身的味道，想做出一份芳香四溢、清亮又细腻的汤，那么无血合鲣节一定适合。

腹节　　背节

本枯节

经过数次反复发霉的工序，耗费半年时间制成的本枯节，是鲣节中的极品。水分含量大概在15%以下。图片中的是获奖的鹿儿岛山川地区的产品。

宗田节

宗田节比鲣节的血合更多，如果“觉得单独使用鲣节熬出的汤味道太淡”，那推荐您试试宗田节。它还用于熬制荞麦面蘸汁的高汤。

鲭节

用新鲜的澳洲鲭制作的节，熬出的汤比鲣节汤更加浓厚。因为鲭节保质期短，容易变质，所以熬出的汤汁也要尽快使用。

鲣节片

厚鲣节片

厚度为1毫米的鲣鱼片。与木鱼花相比需要煮更长的时间，煮出的汤味道也更浓厚，也用于熬制荞麦面蘸汁的高汤。

鲣节丝

松软的鲣节细丝。极细极薄，外表很好看，所以经常用来装饰菜品，也会用在沙拉中。

粉状鲣节

因为它是细腻的粉状，所以可以用在任何地方。无血合粉状鲣节撒在白米饭上，再淋上少许酱油就很美味了。

木鱼花

它是最常见的鲣鱼高汤食材。美味的高汤做法如下：往1升热水中加入40克鲣节。秘诀就是一次性大量加入木鱼花。

杂鱼干=沙丁鱼？
可不仅仅是这样！
各种小鱼
都可以熬汤。

3 杂鱼干

杂鱼干其实就是将小鱼煮熟后再烘干。“加热可以让鱼肉内的蛋白质转化为鲜味，本来烘干能够更好地激发鱼的鲜味，但是整个过程会耗费更多的人力物力，导致成品的价格上涨。而水煮可以一次性制作大量的杂鱼干，效率很高。”小田解释道。杂鱼干独特的腥臭味和苦味来自于沙丁鱼的头、内脏以及脊椎骨，所以事先将沙丁鱼的头尾切除、去掉脊椎就可以熬出上等的高汤了。

挑选诀窍

杂鱼干变黄
是因为氧化

杂鱼干的腥臭味来自于体内氧化的脂肪。建议选择完整的杂鱼干。此外，如果鱼干中间微微隆起，说明它很新鲜。

“寿屋商店”店主
小川克久

“寿屋商店”的旧址在日本桥的鱼河岸市场，后搬迁至筑地市场外。它是从江户时代就创立的老字号，小川是第六代店主。他熟知包括杂鱼干在内的所有干货。

从江户时代
传承到现在的
鱼干店！

店铺信息
寿屋商店

地址：东京都中央区筑地 4-13-6
☎ 03-3542-8981
营业时间：5:00—14:00
休息日：星期天、节日
（以及市场休息日）

烤制的鱼干鲜味更浓。因为它的制作工序比煮制的鱼干更复杂，所以价格更高。

（飞鱼干）

飞鱼是九州地区常见的鱼类。相较于沙丁鱼，它的味道比较淡，不适合做味噌汤，它常用于熬制清淡的汤。

鳀

它是杂鱼干中产量最高的一种，销售量也很高。因为它的下颚大而突出，让人第一眼就看到它的嘴，因此得名“片口”（日文名称为“片口鰯”）。

赤鯥

赤鯥是近年来走红的高级鱼，由它制成的鱼干几乎没有腥臭味和涩味。稍稍烤制直接食用也很好吃。

脂眼鲱

因为它的眼睛很大，看上去泪汪汪的，所以日文叫做润目鰯。它的脂肪几乎没有腥味，所以可以熬出上等的甘甜高汤。

鲭鱼

捕捞沙丁鱼时也能捕到小鲭鱼。小鲭鱼干的产量不高，但是味道浓厚，可以熬出甘甜的汤，因此很受欢迎。

鲷鱼

用的是渔网捕捞的小鲷鱼。鲷鱼有着高级的香气和鲜味，因此很适合煲汤，但它的产量低。

竹筴鱼

主要使用的是春季到夏季从日本海捕捞的竹筴鱼。它熬出的汤鲜味和浓厚度都恰到好处。

绝不能忘记！

全面了解一下“贝类高汤”吧！

10种贝类的特点是？

芳香甘醇、味道丰富。
贝类的鲜味
让拉面得到了升华。
比较一下各种贝类的差异！

照片：冈崎健志 烹饪：竹中纮子
摄影协作：渡边商店（☎03-3542-1640）

出人意料的细腻味道，贝类味道的差异

贝类高汤是拉面汤汁中不可缺少的一部分。它制成的高汤几乎没有一丝腥味，有着海滨的味道，喝上一口，身心都变得柔和起来。贝类可以做汤或在煮饭时加入到米饭中，它作为日本料理的高汤食材，表现也十分优秀。很早以前它就进入到了平民百姓的生活中。

接下来，我们将以筑地市场中代表性的贝类商品为对象，逐一说明各种贝类高汤的特点。按照特征对各种贝类进行详细分类，浓厚还是清淡、甘甜还是咸鲜……将各种贝类的差异弄清楚。

步骤.1

调查一下贝类的特征

这次我们调查了10种贝类。它们比较常见，都可以在筑地市场买到。有一些贝类几乎熬不出汤汁，这次我们要调查的就是有哪些贝类适合熬汤。

日本白贝

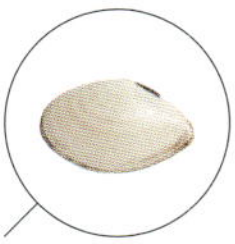

白色，形状扁平，美丽的贝壳就是它最大的特点。它的味道并不浓烈，但是十分鲜美。

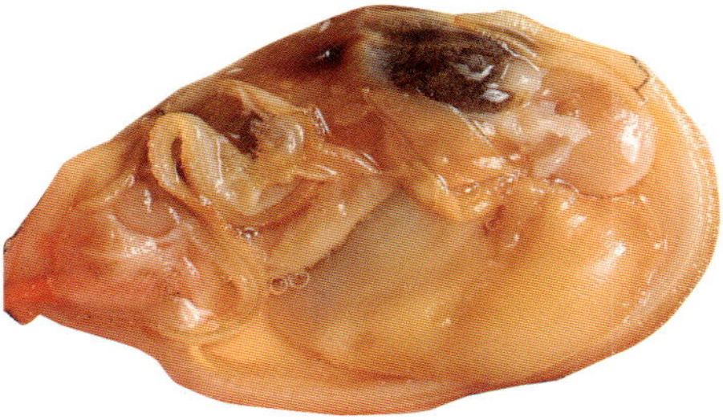

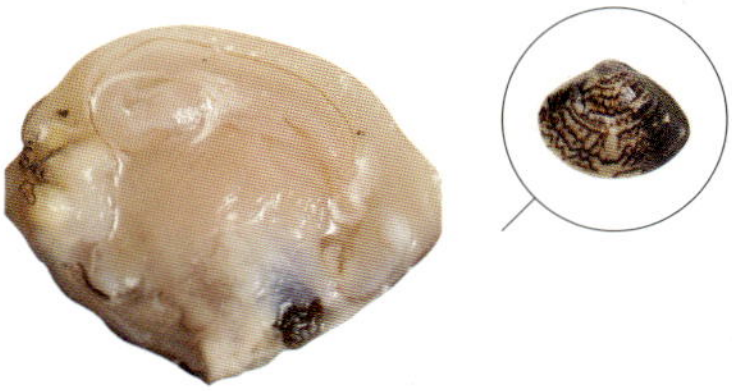

文蛤

相传这是从绳纹时代就受到日本人喜爱的食材。它含有丰富的琥珀酸，这是贝类独有的鲜味成分。

姬蝾螺

个头较小的蝾螺。太平洋海域的蝾螺比日本海域的要大。

西伯利亚峨螺

通常把浅滩上捡拾的峨螺称为“西伯利亚峨螺”。它的特点是有弹性，富有嚼劲。

北极贝

学名叫库页岛马珂蛤，它生活在日本北方的海域。它含有牛磺酸，能够预防中老年慢性病。

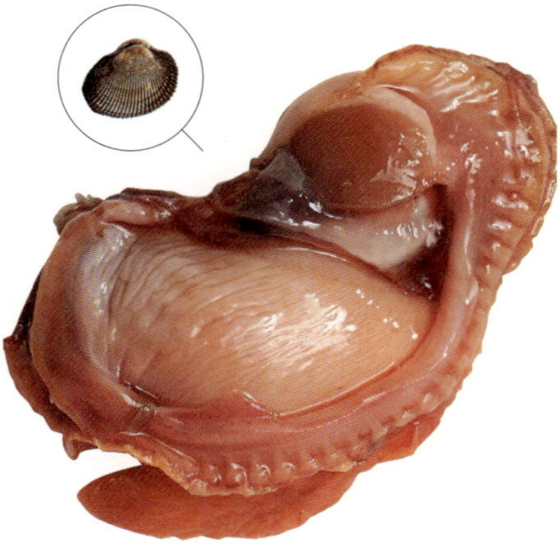

魁蛤

这是制作江户前寿司时不可缺少的贝类食材之一。因为它的颜色像血染成的，所以又称血贝。

接下来看看贝类高汤

花蛤

与文蛤一样，它也是代表性的双壳纲动物之一。它生活在海湾内的滩涂上，是赶海活动中的主角。

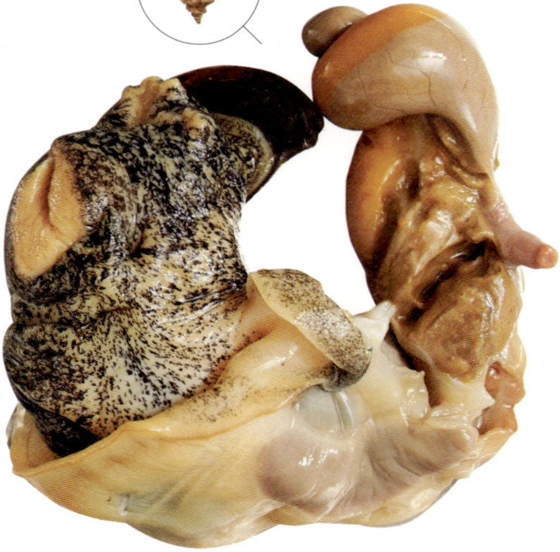

奥赖根法螺

也是虾夷螺的别称。它生活在日本北部和日本海海底。因为它的唾液腺味道很涩，所以在日语中也叫做“辛螺”。

九孔鲍

它是鲍科中的一员，通常大型的鲍科贝类被称为鲍鱼，小型的就叫九孔鲍。需要加热食用。

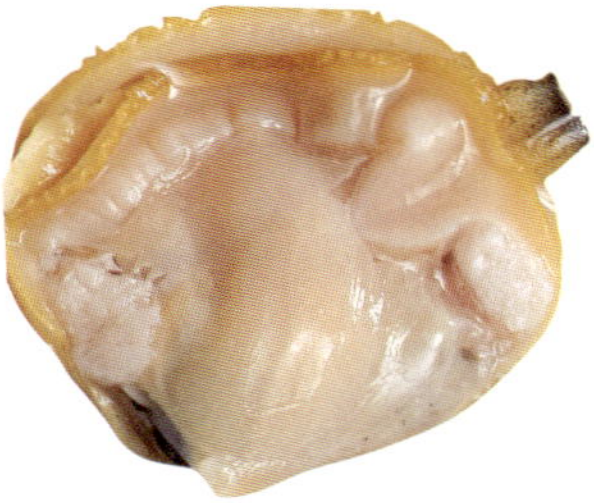

硬壳蛤

原产于北美东海岸，是美国常见的贝类，也是蛤蜊浓汤的食材。在日本三番濑的硬壳蛤很有名。

检验课题

上述贝类中除了常见的熬汤食材，还有其他味道各异的贝类。你有没有找到新的熬汤食材呢？

贝类小知识

外表
各异的3种
贝类!

【双壳纲】

花蛤

全身被壳保护着

它主要有两大类。一类是像花蛤那样用斧足在海底的沙砾、泥土中移动和生活。还有一类是像牡蛎一样附着在岩石上。
它是软体动物中唯一一种没有螺类那样的齿舌的动物，没有头，也没有眼睛和触觉。它是从硬壳边缘或流入水管的水中获取食物。把花蛤放入盐水中，观察它吐沙的管子，可以看见它有出水管和进水管。上半边壳上突出的白色部分就是斧足。

【螺类】

塔形扭柱螺

鲍鱼居然也是螺类!

螺类通常有强劲的足，在沙滩和海岸边爬行。它的内脏在背上，被硬壳包裹着。头部有触角和眼睛，口中有硬的类似于舌头的器官，被称为齿舌。它在吃东西的时候，齿舌会像舌头那样舔食着食物。
它的壳比较发达，特点是螺旋形状。但是一些螺类在进化过程中贝壳慢慢变小、变薄，比如海参、黑斑海兔等，它们可以脱离硬壳。

【其它贝类】

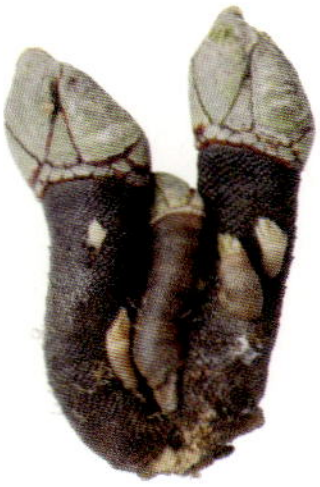

龟足

这居然不是贝类!

形状像山一样表面凹凸不平的藤壶，还有外表像乌龟的脚的龟足，它们都有坚硬的外壳保护着自己。所以虽然它们看上去像是贝类，但实际上却和虾、蟹一样是甲壳类动物。它们在幼年时期是以浮游生物的形态漂在水里，成年后就不再漂浮。它们有着坚硬的外壳，触角附着在岩石里，当然你也可以认为它们就是固定在了岩石上。煮熟后品尝时，你就能看清楚它的结构了。令人惊讶的是它的味道和螃蟹相似。请一定要尝尝看。

高汤的基础

接下来看看贝类高汤

【甘甜】

魁蚶

它有着沙滩的气息，自身风味很淡。但是甜度最高，适合与蔬菜搭配。

北极贝

它的高汤有一大特点就是甘甜，贝类本身的味道比较淡。期待它今后与个性鲜明的其他鱼介类高汤进行搭配。

姬蝾螺

这次的调查对象中最不适合熬汤的就是它。风味也不鲜明，很难熬出上等高汤。

【清淡】

西伯利亚峨螺

虽然它的味道比较清淡，但是味道和香味的品质很高。西伯利亚峨螺不适合单独熬汤，但是可以与其他汤类搭配组合。

硬壳蛤

因为它含有许多盐分，所以熬出的汤偏咸，而贝类的甘甜就被放大了，整体味道清淡。硬壳蛤又被称为“白文蛤”，它的味道与文蛤相近。

日本白贝

“它熬出的汤很不错”，筑地市场从事贝类批发的“渡边商店”员工特别推荐它。它味道鲜明，相较于自身的风味，它的咸味更浓。

【咸鲜】

(九孔鲍)

它的香甜气味引人注意，适合与酱油、日本酒搭配。因其味道并不太浓烈，在烹制时需要控制调味料的使用才能品尝出它本身的味道。

(文蛤)

在熬汤方面，文蛤的实力受到了大家的广泛认可。它熬出的汤味道鲜明，却不刺激。如果想要熬出一份浓浓的汤，那选择它就可以了。

(奥赖根法螺)

它的特点是扑面而来的柔和香气。它熬出的汤汁有海滩的气息。它适合作为拉面食材，也可以在日本料理和西餐中充当调味的角色。

【浓厚】

步骤.2

比较一下各种贝类高汤

终于到了比较贝类高汤的环节。这次我们的实验对象中有一部分贝类通常是作为菜品出现，而不用作熬汤食材。我们主要按照味道的浓烈程度以及甜咸度来进行分类。

(花蛤)

花蛤的甘甜、鲜美以及风味，在贝类中都是出类拔萃的。因为它的盐分很高，所以与奶油等奶制品搭配也不会影响其风味，它的味道十分浓烈。

检验结果

有着强烈个性，风味鲜明的文蛤和花蛤在鲜味方面有着绝对优势。日本白贝的高汤味道也很不错。

贝类的风味扑面而来！

步骤.3

在以贝类高汤为特色的店里品尝一碗个性十足的拉面

大阪的贝料理专门店在午餐时间推出品种各异的贝类高汤拉面。店家熟练掌握了贝类的特点，并将各种贝类的长处发挥得淋漓尽致。接下来我们将向您介绍两款拉面的食材和制作过程。

在激烈的拉面竞争中脱颖而出的新锐贝类餐厅

店名

贝料理专门店 Wepokku

大阪•心斋桥

品尝下几种贝类的味道吧

特点 **1**

**细腻而层次丰富的味道
清澈见底的汤**

特点 **2**

京都老字号“面屋棣鄂”的极细直面

特点 **3**

对宿醉人士也友好的新鲜的花蛤

特写！

贝荞麦面 BIANCO

配菜是花蛤和葱白、鱼肉山药饼。几种贝类高汤在白酱油的调味下搭配得十分和谐，整体味道细腻柔和，品质超过了一般拉面。价格为900日元。

贝类的味道与牡蛎的鲜美，白或黑的诱惑汤底

大阪南区的餐饮业竞争激烈程度在关西乃至全国都是数一数二的。从有名的老字号到刚开业的新店，大家都投入到激烈的竞争中，“Wepokku”作为一家专业的贝类餐厅获得了许多美食家的支持。“Wepokku”中午与晚上推出的菜品完全不同，在中午能够品尝到两种“贝荞麦面”。

1

事先准备好的几十千克昆布、鲣鱼和酒炖出的高汤、调味汁，以及配菜。

2

先煮汤底，再放面条。

3

拉面配菜中很少出现的鱼肉山药饼，切成块便于入味。

4

将煮好的面倒入碗中，加入汤底，码好配菜。

5

最后淋上香料油。

加入配菜！

配菜另装在一个盘子里，有提前用高汤卤过的炙烤地鸡鸡胸肉叉烧和半熟卤蛋、水菜（日本芜菁）。

“贝荞麦面BIANCO”有着清亮的汤底和扑面而来的鱼介香味，让人欲罢不能。它的汤底食材十分简单，是用道南产的昆布和鹿儿岛的鲣鱼炖煮而成，加入白酱油和干贝柱、花蛤、蚬贝精华、地鸡熬成的调味汁，再淋上用橄榄油熬成的自制香料油。

特写！

牡蛎荞麦面BLACK

黑色的汤底与葱白形成鲜明的对比，极具个性与艺术表现力。牡蛎有着特殊的味道，店家提取出它的鲜味加入到拉面中，这样不爱吃牡蛎的人也可以品尝这碗美味的拉面。价格为900日元。

浓缩的牡蛎味道绝了

特点 **1**

大阪系黑拉面的新兴汤底

特点 **2**

充分吸收汤汁的爽滑极细面条

特点 **3**

生牡蛎直接下锅炖煮鲜味被牢牢锁住

入口清淡，细品之后会发现味道层次丰富且浓厚。拉面中使用的盐是粗盐，用量很少，所以可以品尝出贝类的鲜味。

而“牡蛎荞麦面BLACK”漆黑的颜色一眼就吸引住了食客的目光。它是以生牡蛎熬煮的牡蛎酱油和鹿儿岛产的大豆酱油为主，加入花蛤、地鸡熬成高汤，再与炖煮了约2小时的生牡蛎混合。风味十足的鲜美牡蛎和清爽的回味一定会让你满意。

拉面提高了顾客对晚餐的期待，两款荞麦面的品质都很高，难分伯仲。

1

提前准备的高汤、调味汁和配菜。

2

先煮汤底，再放面条。

3

充分控干水。

4

煮好的面条和汤一起倒入碗中，码好配菜。

5

最后淋上香料油。

它的配菜和“贝荞麦面BIANCO”一样。建议点“本日米饭（另加100日元）”，黑拉面与米饭的搭配定会让你满意。

接下来看看贝类高汤

店主永山为了做出“独一无二的拉面”选择了贝类食材。但是他说贝类高汤味道细腻，要在拉面中使用难度很高。在历经无数次试错之后，他终于做出了香气扑鼻的拉面，这是让人欲罢不能的绝品。将蚬子、文蛤、花蛤充分融合，把顾客引向新的味觉领域。

另外店里还有蘸面，它使用了大量的牡蛎，香味浓烈。店主为研制蘸面也倾注了大量的汗水。如果您是贝类爱好者，哪怕吃撑肚皮也一定要尝尝这两款面。

步骤.4

全世界数一数二的鲜美拉面!

贝类高汤拉面那芳香醇厚的香味，让人不禁感叹“原来这才是贝类高汤啊！”只有在这儿才能吃到的美味，让我们走进它藏在深处的秘密。

店铺信息

贝类高汤拉面贝壳屋

地址：神奈川县相模原市中央区渊野边本町3-24-3色利公寓101号

☎042-707-8556

营业时间：11:30—15:00、18:00—21:00

休息日：星期一

（如遇节日则顺延至第二天休息）

交通：从JR渊野边站步行15分钟

被芳香甘醇吸引
研究细腻且高难度的
贝类高汤

“贝壳屋”店主
永山尚吾

“为了熬出贝类的香味，我们下了很大的功夫，请务必来尝尝看。今后我将继续研究鲜味浓厚、汤汁浓稠的贝类高汤！”

食材

牡蛎

广岛产的牡蛎。主要用于蘸面汤底的制作。

花蛤

使用的是爱知县和千叶县的两种大小不同的花蛤。

蚬子

三重产的蚬子，蚬肉还会用在贝饭中。

文蛤

三重产的文蛤，还会用在贝饭中。

其一

制作拉面的基础贝高汤

1）文蛤、蚬子、花蛤放置一晚。提前放入香菇干、昆布、鲣节片、鲭节等。在加热前放入杂鱼干。

2）为了炖煮出食材原本的味道，用温度计精确测量汤汁温度。

3）过滤大量的贝类！

4）除了提前准备好的贝类，还加入了扇贝裙边，香气和味道变得更加浓郁。

5）在出锅前加入贝类熬出香味。

6）在上桌前加入用蚬子和花蛤熬制的香料油。

芳香醇厚、层次丰富的贝类汤底

其二

制作蘸面汤底

在满满的浓厚酱汁中
享受牡蛎的味道

1）在基础高汤中加入扇贝裙边。牡蛎的加入使得蘸面高汤的香气与味道比拉面高汤更浓。
2）在高汤中加入大量的牡蛎，点火加热。
3）待汤沸腾后移入大碗中。
4）将牡蛎打碎。为了确保没有异味，使用手持式搅拌机。
5）浓烈的牡蛎香气！
6）为了保证爽滑的口感，需要将熬好的高汤过滤。
7）准备好装盘时用的牡蛎油。
8）为了进一步突出牡蛎的香气，还准备了搅拌机研磨的牡蛎，在装盘时加入。
9）上桌前烤制特制的牡蛎味噌，可以改变拉面原本的味道。
10）让你全身心浸润在牡蛎香气中的绝品高汤完成。

贝饭

使用了6种贝类。建议您加入蘸汁，体验一下烩饭风味。

因为自信才能做出两款如此纯粹的拉面！

钏路是位于北海道东部的港口城市，以充满风情的夕阳、海雾等著称。在火车站和钏路川之间有一个美食区，密密麻麻地挤满了各种美食店，仔细一闻你会发现连空气中都飘着食物的香气。这香气来源于一家名叫“螺烧门屋”的店铺，它很受欢迎，平日也常常排队。店里菜单上的“名物螺烧”和“名代拉面”，这两个菜品陪伴着店铺走过了50年左右的时间，所以绝对值得一尝。

首先将厚岸产的香螺煮熟，去除唾液腺，加入道东产的昆布高汤调味汁烤制。烧烤过程中时不时取出香螺，稍稍冷却后再次烤制，此动作重复3~4

贝类和拉面的搭配
原来如此美味

虽然没有
用它熬汤！

海螺与拉面的邂逅

在激烈的竞争中脱颖而出的新锐贝类餐厅

店名

螺烧门屋

北海道钏路市

喝酒之后
来上一碗

用猪骨、鸡骨、蔬菜熬出高汤，加入酱油调味。“名代拉面”（600日元）虽然色泽浓郁，但是味道并不会过重，酒后来上一碗也不错。

次，烤软后将吸饱调味汁的螺肉再放置一晚，这样处理过后既能保证螺肉的软嫩，又能使其充分入味。同时螺肉的鲜味也融入到了调味汁中，鲜美无比。在螺肉上咬开一个小口，吸上一口鲜美的汤汁，幸福感瞬间扩散到全身。

另一款美食是酱油味的怀旧拉面。拉面中并没有加入螺类高汤，清爽的味道最适合酒后放松。“2分钟就能煮好”的细面很符合这座渔业小城的风格，细面与汤底搭配得很和谐。

上）放置海螺的木盒。大概使用了3年，现在有了一些陈旧感。
下）为了让海螺在出锅时达到最美味的状态，店里调味汁的比例坚持了约50年没变过。

川口曾经做过日料厨师，改行做拉面已经43年了。店里每年要使用大约4吨海螺。一份4个，850日元（打包一盒900日元）。

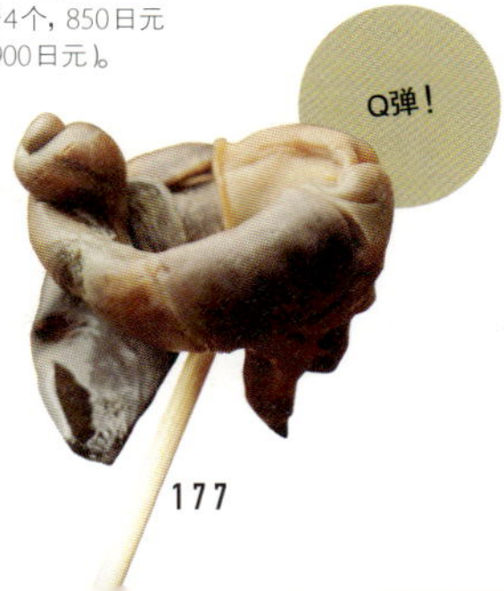

店铺信息

螺烧门屋

地址：北海道钏路市荣町4-1
☎ 0154-24-4039
营业时间：17:30—第二天1:00
休息日：星期天
（7—9月的第2、4个星期天营业至23:00）

店长川口勉（中）和员工们

第六章 让人着迷的

入口的瞬间，大大的满足感。

吸满了汤汁的细直面“中华荞麦面”（700日元）。笋尖干、海苔、葱花、叉烧，配菜简单，味道却丰富。

叉烧详情！

叉烧表面烤得恰到好处，中间鲜嫩。烧烤的香气与多汁的口感吸引了许多回头客。

7厘米×11.5厘米×1厘米

啊，叉烧为何如此美味？

煮、炸，不同的制作方式，味道完全不同。

叉烧！

我们爱烤猪肉 其一

拉面店的叉烧“此处”大不同！

几乎所有的拉面店都会配上叉烧，当筷子遇上叉烧的瞬间，
想象着它的味道、柔软、肉的种类，不禁期待了起来。
来看看名店的极品叉烧吧。

图片：冈本ayumi、加藤史人、野田真、八木龙马
※叉烧的尺寸标记是，宽（D）×长（W）×厚（H）。

低温烤制的肉绝赞

中华荞麦兰铸

在离车站稍远处有一家名叫“兰铸”的拉面店，它虽然开业不过7年，但已经是西东京首屈一指的人气店铺了。这家店不使用任何化学调味剂，清亮的汤底是用几种杂鱼干和昆布精心熬制的，味道细腻而厚重。不过店里最吸引人的还是粉嫩的叉烧。店里的叉烧比普通叉烧大，使用了法式烹饪手法，低温烤制而成。为了叉烧也一定要光临这家店。

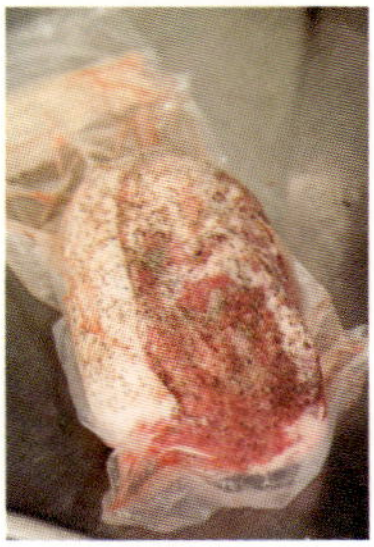

用椒盐腌制的日本产猪肩胛肉，低温慢炖，每天只取当日销售的量进行熏制。炖煮的时间根据肉质、季节进行调整，以保证做出的叉烧味道不变。

店铺信息
中华荞麦兰铸

地址：东京都杉并区堀之内2-13-13
☎ 03-6319-1045
营业时间：12:00—14:00、18:00—21:00
星期六12:00—15:00※汤底售罄即止
休息日：星期天、节日

无论是烤肉还是叉烧，都是满满的鲜味

肉玉荞麦 Otodo 北松户总店

鸡、猪、牛熬成的“三兽汤”，往其中加入炒好的甜辣猪五花，它的味道不愧是“日本最下饭的拉面”。煮饭使用的是越光米（日本的高级大米之一），可免费续加。你或许会被店里的烤肉吸引，但是叉烧也是绝不可忽略的美味。口感鲜嫩、味道浓厚的叉烧和米饭十分搭配。店里的食物如此美味，难怪现在店主还开了 4 家分店。

叉烧详情！

这是从数十种不同部位的肉中精心选出的肉。为了锁住鲜味而采取真空烹制法。

7厘米 ×13厘米 ×1厘米

上）“烤肉是客人点单后烹制的”，高桥努说。烤肉的香味让人欲罢不能。
右）在“2015肉汁祭全国丼饭冠军决定战”中获得了第一名的“迷你肉蛋生姜丼饭”（380日元）。

店铺信息

肉玉荞麦 Otod 北松户总店

地址：千叶县松户市上本乡901
铃木大厦1层
☎047-360-5858
营业时间：11:30—第二天1:00
星期天、节日—24:00
休息日：星期一
（如遇节日则延后至第二天休息）

“特肉玉荞麦面”（1050日元）。配菜中有日本第一鸡蛋，它浓厚的蛋黄为人所称道，昆布盐腌制的半熟鸡蛋、筑地市场最高级的海苔等。

梦幻般的肉毯

博多拉面Shibaraku
日本桥店

老字号“博多拉面”已开业64年了。不使用任何添加剂，汤底只用宫崎产的猪骨炖制约36小时，味道浓厚而清爽。汤底没有丝毫油腻感，满满的胶原蛋白获得了众多女性的喜爱。“鸡肉蔬菜饭”等九州特色美食和烧酒等一应俱全，据说很多福冈人会在该店的二层举办宴会。

“拉面（十八番）大块叉烧面”（980日元）。面条藏在叉烧下面，这是店里的特色。通常一份面里有超过10片叉烧。

地道的味道!

“无论是汤底还是配菜，都花了大量的功夫准备。请一定来尝尝！”店长熊谷正司说。

店铺信息

博多拉面 Shibaraku
日本桥店

地址：东京都中央区
日本桥蛎壳町2-14-4
☎ 03-3665-0088
营业时间：11:00—第二天1:00、
星期天、节日营业至20:00
休息日：无

“Shibaraku”流叉烧的制作方法

叉烧是用开店时传下的老卤煮制的。

煮过猪肉的卤汁放置一晚，等油脂全部浮在面上。秘诀就是油脂不加到老卤中。

为使叉烧薄到能包裹住面条，必须用刀切叉烧。

左）推荐的吃法是用叉烧裹住面条食用。这样两者的味道都能凸显出来。
右）加入了叉烧丝的“棒棒鸡风味沙拉”（1500日元）。

叉烧详情!

使用的是宫崎县产的猪肩胛肉，完美地烹饪出了猪肉纯粹的鲜味。

5厘米×9厘米×0.2厘米

可以品尝各种部位的肉

拉面 Take虎

店主竹山定广有着多年的拉面店工作经验，技术高超，店里的拉面不使用任何化学调味剂。拉面是清淡的酱油味，没有过多的油脂，受到了各个年龄段顾客的喜爱。汤底除了使用骨头熬制，还加入了肉，这是店里的特色，店主甚至为此专门购买了整头猪！店里的叉烧使用了不同部位的猪肉，吸引着顾客前来品尝。

叉烧详情！

图片上是里脊肉，下面是五花肉。每天可以品尝不同部位的肉。

9厘米×17厘米×0.3厘米

6厘米×17厘米×0.3厘米

上）“肉碟”（520日元）。如果想尝尝纯粹的叉烧，那就点它吧。店里还有专供打包的叉烧（售罄即止）。
右）标准大小的“Take虎拉面”（570日元）。

店铺信息

拉面 Take 虎

地址：东京都涉谷区幡谷1-32-1
☎03-3465-6372
营业时间：11:00—15:00
休息日：星期天、节日

“大块叉烧拉面”（1030日元）。叉烧盖在碗上，边缘垂下来的样子令人震惊。碗里的叉烧是用猪的不同部位制作的。

熏烤的香气让食欲大增

兔ni角

这是已开业12年的浓厚猪骨鱼介拉面名店。用大量食材熬制的鲜美汤底，以及使用100%日本产小麦的自制筋道粗面条，都十分美味。油荞麦面是店里最负盛名的美食。此外，熏制的叉烧是店里的特色，鲜嫩的叉烧以及扑面而来的熏烤香气，使得叉烧有烤牛肉般的绝佳口感。

“油荞麦”(780日元)。普通分量里有250克面条。拉面配有一碗汤，可以用来蘸面，或者倒入碗中当作拉面品尝。

店铺信息

兔 ni 角

地址：千叶县松户市根本462比嘉大厦1层

☎047-361-4667

营业时间：11:00—24:00（星期六、星期天、节日营业至23:00）

休息日：无

现点现做的面条也是店里的特色

“我们在龟有、啦啦宝都以及柏叶也开有分店，欢迎光临。”店主山田荣行说。

“兔ni角”流派叉烧的制作方法

使用薄口和浓口两种酱油，还加入了味醂和醋。

通过熏烤，增加叉烧的香味。熏烤卤蛋也是店里的特色。

将叉烧切成薄片，以便顾客能够充分品尝叉烧的鲜美。

叉烧详情！

使用肩胛肉制成的叉烧。为了保证鲜嫩的口感，在66摄氏度下烹煮了4小时。

7.5厘米×13厘米×0.5厘米

左）“拉面”（普通大小一碗780日元）里也有一大块叉烧。

右）“叉烧丼”（400日元）。满满的叉烧和调过味的葱花！一定让你心满意足。

我们爱烤猪肉 其二

用低温烹饪法制作的多汁叉烧

在烹饪宅间掀起热议的低温烹饪法
我们和有着厨师和作家双重身份的樋口直哉一起验证一下。
想要成为烹饪大师，必须了解烹饪的原理。

图片：深泽慎平、加藤史人、久保田敦、西岛渚
主编/烹饪：樋口直哉

低温烹饪是什么？

能不能在家进行“真正的低温烹饪”呢？低温烹饪的最新方法是什么？

“低温烹饪”简单说来就是加热食物时温度保持在固定区间，保持食材内的一部分蛋白质不变性（60摄氏度上下），让整块肉变得软嫩的烹饪技术。

“如果是肉类食材，它里面含有的酶能在40~60摄氏度的时候保持活性，烹调时如果温度长时间保持在这个区间内，就能在短时间内达到和发酵一样的效果。蛋白质被分解，肉类的浓厚味道增加了。这就是低温烹饪的最大好处。”樋口介绍说。

樋口将为我们介绍现在专业人士们所关注的低温烹饪法的基础知识，以及最新的低温烹饪法菜谱。在这里您将全面了解低温烹饪的现状。

烹饪家、作家
樋口直哉

毕业于服部营养职业学校。在餐厅、烹饪职业院校工作过，现在是作家、烹饪家。他会去烹饪现场采访，还负责食育通信online的分子料理专栏。他还著有《大人不及格》（2014年拍成了电影）、《汤之国的公主》等小说。

DATE:
CONTENTS:

“低温烹饪”现今的潮流

1979年由法国厨师乔治·普拉罗斯（Georges Pralus）所研发的低温烹饪技术，主要分成了两大流派。一种是“恒温烹饪”，比如使用水浴、油浴等方法，或蒸汽对流烤箱等厨具。另一种是“L'Arpege”的大厨阿兰·帕萨尔（Alain Passard）所创的“低温炙烤”。目前，“低温烹饪”的各种方式都取得了一定的进步，而且还在不断改进中。

注意！

低温炙烤流派

○用烧烤网、铁板、铁铸锅等小火低温煎烤，还要不停地翻面。

○放入烤箱，短时间烤制后关火，取出放置一段时间，然后不断重复此过程。

“L'Arpege”的大厨阿兰·帕萨尔所创的烤箱短时间烤制取出法费时费力，但是能保证较高的成功率，比较适合烤制整块肉。

注意！

低温烹饪流派

○水浴加热

○蒸汽对流烤箱

○油浴加热

油浴就是将恒温水浴的水换成油。油里面没有空气，所以它也属于真空烹饪的一种，很多人认为食材直接用油加热可以更好地保证其受热均匀。

需要注意的安全事项

在学习低温烹饪手法之前，必须要知道的安全事项。购买新鲜食材、冷藏保存、厨具的杀菌、烹饪前洗干净手等，这些对于卫生方面的要求与平常烹饪时是一样的，除此之外是对于加热温度区间的要求。虽然是低温，但是经过长时间的加热能够减少细菌。希望大家记住厚生劳动省的加热要求（见左下）。

注意！

加热标准

不适合低温加热的食材

- ○野味等野生鸟兽
- ○猪肝　○肉末
- ○牛肝　○虾类

鸡肉、猪肉、牛肉有可能存在沙门氏菌或空肠弯曲菌，但经过55~60摄氏度的长时间加热后可以降低感染风险，所以加热这些肉类时，温度通常要设定在55摄氏度以上。鱼类的蛋白质在更低的温度下就能凝固，所以烤制鱼肉时表面温度达到47摄氏度以上就能杀死副溶血性弧菌。

注意！

预防食物中毒的方法

“避免污染；控制时间和温度；清洗和消毒”，这是预防食物中毒的基本方法。特别是在选择以及处理生鱼食材的时候，应该带上烹饪专用手套。上图中的“丁腈手套”不同于其他普通材质的手套，质地软，戴上后十分服帖，可以进行一些非常细微的处理。

使用工具试试看

低温烹饪精准加热器的使用方法很简单：锅中倒入水，设定好温度，把食材装袋放入水中加热即可。“低温烹饪就是将厨师的感觉转化成数字，只要明白了食材与温度间的关系，就能进行专业的加热了。设定好了以后就不用管它，这期间你可以去准备配菜或者熬汤。它的价格也很吸引人，只需专业加热器的十分之一。”

用最少的工具
简单&安全地制作

使用ANOVA时，只需要带有拉链的食品保鲜袋、夹子和汤桶。建议选择大汤锅，不仅操作便利，而且不用开火，炖上一两天也不用担心发生火灾，非常安全。

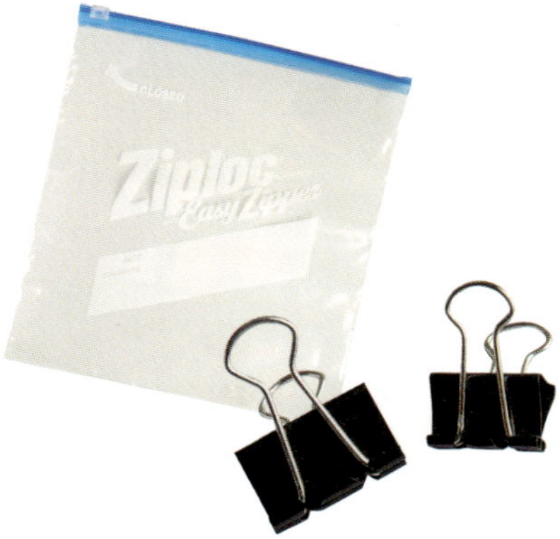

1

2

3

放入食材时最重要的是排光袋子里的空气

1）锅里的水要高于最低水位刻度，等水温到了设定的温度后，再把装有食材的袋子放入水中。
2）利用水压排光袋子中的空气，封口。
3）将袋子的拉链夹在锅边上，注意不要夹到食材。如果担心热量流失，可以盖上保鲜膜。

要点

从熬汤到二次加热它的用途非常广泛！

ANOVA不仅可以加热肉类食材，“它还可以熬汤、融化巧克力等。食物二次加热时，如果能将其加热到和出锅时一样的温度，就能再现食物的美味。”樋口说。

注意！

使用后一定要擦去水汽

ANOVA使用之后，把下面的不锈钢上粘到的食材取下，为了防止它生锈，要擦干净里面的水汽。

终于到了实践环节

猪肩胛肉 × 叉烧

60摄氏度 × **加热8小时**

【材料】4人份

猪肩胛肉…600克
盐…6克
叉烧酱…55克
辣芥末…适量
熟芝麻…适量

【做法】

1. ANOVA预热到60摄氏度。
2. 肉切成4厘米厚的薄片，撒上盐腌制20—30分钟。
3. 用厨房纸擦干肉片表面，把肉片放入袋中后加入叉烧酱，轻轻按摩肉片。
4. 用ANOVA加热8小时。
5. 将肉从袋中取出，肉片上涂上一层薄薄的叉烧酱，放入预热至220摄氏度的烤箱中着色（约5分钟）。
6. 将肉切成3厘米左右的方块装盘。可根据喜好加入辣芥末和熟芝麻。

低温加热
鲜嫩多汁的
自制叉烧

图书在版编目(CIP)数据

拉面 / 日本EI出版社编辑部编著；姚沁姗译. -- 武汉：华中科技大学出版社，2021.12
（饮食手帐）
ISBN 978-7-5680-7620-3

Ⅰ.①拉… Ⅱ.①日… ②姚… Ⅲ.①本册 Ⅳ.①TS951.5

中国版本图书馆CIP数据核字（2021）第214950号

拉面
Lamian

［日］EI出版社编辑部　编著
姚沁姗　译

出版发行：华中科技大学出版社（中国·武汉）　电话：(027) 81321913
华中科技大学出版社有限责任公司艺术分公司　(010) 67326910-6023
出 版 人：阮海洪

责任编辑：莽　昱　宋　培
责任监印：赵　月　郑红红　封面设计：邱　宏

制　作：北京博逸文化传播有限公司
印　刷：北京金彩印刷有限公司
开　本：889mm × 1270mm　1/32
印　张：6
字　数：90千字
版　次：2021年12月第1版第1次印刷
定　价：79.80元

华中出版

本书若有印装质量问题，请向出版社营销中心调换
全国免费服务热线：400-6679-118 竭诚为您服务